AF603037

8° S
2294

LES

INSECTES PHOSPHORESCENTS

NOTES COMPLÉMENTAIRES

ET

BIBLIOGRAPHIE GÉNÉRALE

(ANATOMIE, PHYSIOLOGIE ET BIOLOGIE)

PAR

Henri GADEAU de KERVILLE

ROUEN
IMPRIMERIE JULIEN LECERF
1887

MATIÈRE & MOUVEMENT
HGK
TOUT POUR L'HUMANITÉ

LES

INSECTES PHOSPHORESCENTS

NOTES COMPLÉMENTAIRES

ET

BIBLIOGRAPHIE GÉNÉRALE

(ANATOMIE, PHYSIOLOGIE ET BIOLOGIE)

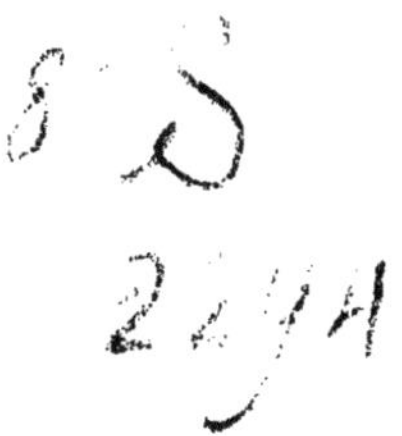

LES

INSECTES PHOSPHORESCENTS

NOTES COMPLÉMENTAIRES

ET

BIBLIOGRAPHIE GÉNÉRALE

(ANATOMIE, PHYSIOLOGIE ET BIOLOGIE)

PAR

HENRI GADEAU DE KERVILLE

ROUEN
IMPRIMERIE JULIEN LECERF
1887

PRINCIPAUX TRAVAUX DU MÊME AUTEUR.

Les Insectes phosphorescents, avec 4 pl. chromolithographiées. Rouen, Léon Deshays, 1881.

Comptes rendus des 19ᵉ, 20ᵉ, 21ᵉ, 22ᵉ, 23ᵉ *et* 24ᵉ *réunions des Délégués des Sociétés savantes à la Sorbonne (Sciences naturelles)*, 1881, 1882, 1883, 1884, 1885 *et* 1886, in Bull. de la Soc. des Amis des Scienc. natur. de Rouen, 1ᵉʳ sem. des années 1881, 1882, 1883, 1884, 1885 et 1886. (L'avant-dernier avec 3 pl. en héliogravure et 1 pl. en couleur).

Recherches physiologiques et histologiques sur l'organe de l'odorat des Insectes, par Gustave Hauser, d'Erlangen (Bavière), traduit de l'allemand, avec 1 pl. lithographiée, in Bull. de la Soc. des Amis des Scienc. natur. de Rouen, 1ᵉʳ sem. 1881.

Liste générale des Mammifères sujets a l'albinisme, par Elvezio Cantoni, traduction de l'italien et additions, in Bull. de la Soc. des Amis des Scienc. natur. de Rouen, 1ᵉʳ sem. 1882.

Les œufs des Coléoptères, par Mathias Rupertsberger, traduit de l'allemand, in Revue d'Entomologie, ann. 1882.

De l'action du mouron rouge sur les Oiseaux, in Compt. rend. hebdom. des séanc. de la Soc. de Biologie (séance du 8 juillet 1882).

De l'action du persil sur les Psittacidés, in Compt. rend. hebdom. des séanc. de la Soc. de Biologie (séance du 20 janvier 1883).

De l'action du persil sur les Psittacidés (nouvelles expériences et notes complémentaires). Rouen, Léon Deshays, 1883.

De la structure des plumes et de ses rapports avec leur coloration, par le Dʳ Hans Gadow, de Cambridge (Angleterre), traduit de l'anglais et annoté, avec 1 pl. lithographiée, in Bull. de la Soc. des Amis des Scienc. natur. de Rouen, 1ᵉʳ sem. 1883.

Sur la manière de décrire et de représenter en couleur les animaux à reflets métalliques, avec fig. dans le texte, in Bull. de l'Associat. franç. pour l'Avancement des Sciences, Congrès de Rouen, ann. 1883.

Mélanges entomologiques, 3 *mémoires*, 1ᵉʳ *sem.* 1883, 2ᵉ *sem.* 1883, *et* 1ᵉʳ *et* 2ᵉ *sem.* 1884, in Bull. de la Soc. des Amis des Scienc. natur. de Rouen, 1ᵉʳ sem. 1883, 2ᵉ sem. 1883, et 2ᵉ sem. 1884.

Les Myriopodes de la Normandie (1ʳᵉ *liste*), *suivie de Diagnoses d'Es-*

pèces et de Variétés nouvelles, par le Dr Robert Latzel, de Vienne (Autriche), avec 1 pl. lithographiée, in Bull. de la Soc. des Amis des Scienc. natur. de Rouen, 2e sem. 1883.

Les Myriopodes de la Normandie (2e liste), suivie de Diagnoses d'Espèces et de Variétés nouvelles (de France, Algérie et Tunisie), par le Dr Robert Latzel, de Vienne (Autriche), in Bull. de la Soc. des Amis des Scienc. natur. de Rouen, 2e sem. 1885.

Note sur une Espèce nouvelle de Champignon entomogène (Stilbum Kervillei, Quélet), avec 1 pl. en couleur, in Bull. de la Soc. des Amis des Scienc. natur. de Rouen, 2e sem. 1883.

Note sur un Orque Epaulard pêché aux environs du Tréport, in Bull. de la Soc. des Amis des Scienc. natur. de Rouen, 1er sem. 1884.

De la reproduction de la Perruche Soleil (*Conurus solstitialis*, Less.) *en France*, in Bull. mensuel de la Soc. nation. d'Acclimatation de France, n° 7 (juillet) de 1884.

Note sur un Canard monstrueux appartenant au genre Pygomèle, avec 1 pl. lithographiée, in Journ. de l'Anatomie et de la Physiologie, n° 5 (septembre-octobre) de 1884.

Description de quatre Monstres doubles (2 Chats et 2 Poussins) appartenant aux genres Synote, Iniodyme, Opodyme et Ischiomèle, avec 1 pl. lithographiée, in Journ. de l'Anatomie et de la Physiologie, n° 4 (juillet-août) de 1885.

Note sur les Crustacés Schizopodes de l'Estuaire de la Seine, suivie de la description d'une Espèce nouvelle de Mysis (*Mysis Kervillei*, G. O. Sars), par G. O. Sars, de Christiania (Norwège), avec 1 pl. gravée, in Bull. de la Soc. des Amis des Scienc. natur. de Rouen, 1er sem. 1885.

Note sur un hybride bigénère de Pigeon domestique et de Tourterelle à collier, suivie de la Récapitulation des hybrides uni- et bigénères observés jusqu'alors dans l'Ordre des Pigeons, in Bull. de la Soc. des Amis des Scienc. natur. de Rouen, 2e sem. 1885.

Aperçu de la Faune actuelle de la Seine et de son embouchure, depuis Rouen jusqu'au Havre, in 2e vol. de *L'Estuaire de la Seine*, par G. Lennier. Le Havre, impr. du journal *Le Havre*, 1885.

La Faune de l'Estuaire de la Seine, in Annuaire normand, ann. 1886.

Causeries sur le Transformisme. Paris, C. Reinwald, 1887.

Etc., etc.

AVANT-PROPOS

Il y a six ans, j'ai publié sur *Les Insectes phosphorescents*[1] un modeste ouvrage de vulgarisation, dans lequel j'indiquais les particularités les plus intéressantes de la structure et de la biologie de ces animaux, et où je donnais, dans quatre planches chromolithographiées, la reproduction des types les plus caractéristiques de ces Insectes si curieux. Cet ouvrage était l'un de mes débuts dans la science ; c'est dire qu'il est fort imparfait, et qu'à chaque page on y rencontre l'inexpérience forcée du néophyte.

Il est rare, d'ailleurs, qu'un savant soit content de ses premiers essais — si toutefois un savant peut jamais être complètement satisfait de l'un quelconque de ses ouvrages. Lorsqu'un auteur, en relisant ses premiers travaux, s'aperçoit qu'il a indiqué des faits inexacts, qu'il a commis des fautes de style plus ou moins grossières, résultat fatal de l'inexpérience, il n'a généralement qu'un désir, malheureusement irréalisable : celui d'anéantir ses premières œuvres, pour les recommencer à nouveau. J'ai maintes fois éprouvé ce désir, mais ne pouvant le satisfaire, j'ai dû prendre le parti, en cette circonstance, de donner un supplément

1. Voir la note de la page 11.

à mes Insectes phosphorescents, sous forme de *Notes complémentaires*. Ces Notes sont aussi courtes que possible; elles renferment seulement l'indication des inexactitudes que j'ai laissées passer dans le mémoire en question, jointe à plusieurs faits nouveaux. Je n'ai pas voulu leur donner une extension plus grande, tenant à conserver à mon travail son cachet d'ouvrage élémentaire.

Depuis quelques années, j'ai réuni avec le plus grand soin les titres de tous les mémoires, travaux et notes publiés sur l'anatomie, la physiologie et la biologie des Insectes phosphorescents, à partir d'Aristote jusqu'à aujourd'hui. Tous ces titres forment la Bibliographie générale, qui fait le fond de ce travail. J'ai l'espoir que cette bibliographie sera utile à ceux qui se livreront à l'étude de la phosphorescence des Insectes, question physiologique des plus intéressantes, qui, en dépit des nombreuses recherches qu'elle a suscitées, réserve encore beaucoup de faits nouveaux aux savants de l'avenir.

NOTES COMPLÉMENTAIRES

NOTES COMPLEMENTAIRES

GÉNÉRALITÉS.

[1] P. 7, l. 14. « Plus de cent mille sont décrits aujourd'hui ». — Depuis l'époque où j'écrivais ces lignes, plusieurs milliers d'espèces de Coléoptères ont été décrites ; et, chaque jour, les naturalistes et les explorateurs en découvrent de nouvelles. Le nombre de cent mille est donc insuffisant pour indiquer la quantité d'espèces de Coléoptères actuellement connues. Toutefois, il n'est pas douteux, selon moi, que les entomologistes futurs relégueront une grande quantité de formes, décrites comme de véritables espèces, au rang de simples races ou variétés. En outre, un chiffre très-élevé de noms nouveaux sont destinés à grossir le nombre considérable des synonymes que possède la science entomologique.

P. 8, l. 7. — Cette phrase est incorrecte. Au lieu de : les Coléoptères « passent, avant d'atteindre leur entier développement, par les trois états de larve, de nymphe et d'Insecte parfait », lire : les Coléoptères passent par les trois états successifs d'œuf, de larve et de nymphe, avant d'arriver à l'état d'Insecte parfait.

1. Henri Gadeau de Kerville. — *Les Insectes phosphorescents*, avec 4 pl. chromolithographiées. Rouen, Léon Deshays, 1881.

COLÉOPTÈRES.

Elatérides.

P. 12, l. 11. — Des études approfondies sur les Elatérides de la sous-tribu des Pyrophorites ont conduit à mettre en synonymie une certaine quantité de noms d'espèces, et à faire connaître plusieurs espèces nouvelles. Il résulte de ces études que l'on peut évaluer à environ soixante-treize le nombre des espèces actuellement connues de la sous-tribu des Pyrophorites, dont soixante-dix appartiennent au genre *Pyrophorus* et trois au genre *Photophorus*.

P. 12, l. 12. — Aux pays indiqués, il faut ajouter les Etats-Unis, où vit le *Pyrophorus physoderus*, Germ., qui, de toutes les espèces du genre, est celle dont l'habitat est le plus septentrional.

Les espèces du genre *Pyrophorus* sont propres aux deux Amériques, particulièrement à l'Amérique méridionale et aux Antilles; celles du genre *Photophorus* vivent dans quelques îles océaniennes.

P. 12, l. 16. — Les œufs, les larves, et sans doute les nymphes, sont phosphorescents.

Quelques naturalistes ont fait mention de larves lumineuses d'Elatérides appartenant à des groupes autres que celui des Pyrophorites. A cet égard, je renvoie le lecteur au mémoire de Raphaël Dubois[1] sur *Les Elatérides lumineux*, où cette question est soigneusement traitée (p. 11 et suiv.), et à la Bibliographie générale, dans laquelle il trouvera, soit dans le titre des travaux, soit dans les renseignements mis entre crochets, l'indication des larves

1. Voir la Bibliographie générale.

lumineuses considérées comme appartenant à des Elatérides.

P. 12, l. 20. — L'expression de « angles inférieurs du prothorax » prête à la confusion et doit être remplacée par celle de « angles supéro-postérieurs du prothorax ».

P. 12, l. 21. — Dans son remarquable travail sur *Les Elatérides lumineux*, Raphaël Dubois[1] dit, en parlant du troisième appareil phosphorique des Pyrophores (p. 67) : « En réalité, l'appareil lumineux ventral n'a aucun rapport avec le thorax, il est une dépendance absolue du premier segment abdominal : il occupe la région intermédiaire du sternite du premier zonite de l'abdomen. Le tégument de la région qu'il occupe est moins chitinisé que celui de la région avoisinante, de façon à demeurer transparent ».

P. 14, l. 21. — La propriété lumineuse du prolongement céphalique du Fulgore Porte-lanterne (*Fulgora laternaria*, L.), était connue en Europe avant la publication du livre de Sibylle Mérian, car, en 1681, Grew[1] en parlait déjà dans son *Museum regalis societatis*. Il est donc possible que ce soient les Fulgores que Fontenelle ait confondus avec des Oiseaux.

P. 16, l. 27. — Au lieu de Bondazoy, lire Fougeroux de Bondaroy.

Pour toutes les questions relatives à l'anatomie, la physiologie, la biologie, etc. des Pyrophores, ainsi qu'à la structure et au mode de fonctionnement de leurs organes lumineux, je renvoie le lecteur à l'admirable travail de Raphaël Dubois[1] sur *Les Elatérides lumineux*, où ces questions sont traitées d'une façon magistrale.

1. Voir la Bibliographie générale.

Malacodermes.

P. 29. l. 10. — Au lieu de « vient du grec λαμπυρίς, qui signifie lampe », — étymologie erronée, car lampe se dit en grec λαμπὰς et non λαμπυρίς. — lire : vient du grec λαμπυρίς, dérivant lui-même de λάμπειν, qui signifie briller.

P. 30. l. 9. — Angles postérieurs au lieu de : angles inférieurs.

P. 30, l. 16. — Le Lampyre noctiluque habite presque toute l'Europe et l'Asie ainsi que le Nord de l'Afrique, et non pas tout l'univers.

P. 30. l. 30. — On sait aujourd'hui que l'œuf, la larve, la nymphe et les adultes (mâle et femelle) du Lampyre noctiluque sont phosphorescents ; le mâle étant lumineux par lui-même, mais à un degré beaucoup plus faible que la femelle.

Carabides. Staphylinides, Pausides. Buprestides, Ténébrionides et Cérambycides.

Quelques auteurs ont signalé, en dehors des deux familles des Elatérides et des Malacodermes, qui renferment les Coléoptères lumineux, différents Coléoptères appartenant à d'autres familles, chez lesquels on aurait observé, paraît-il, des phénomènes de phosphorescence.

Dans les lignes suivantes, j'indique les quelques observations que j'ai pu recueillir à cet égard, sans vouloir nullement prétendre qu'il n'en ait pas été fait d'autres sur ce sujet. A mon avis, la plupart de ces observations, sinon toutes, sont erronées. Il se peut que l'on ait observé des phénomènes de phosphorescence chez les animaux en question, mais cette apparence lumineuse devait être due à un corps phosphorescent quelconque, soit à un fragment d'un animal lumineux, soit à une parcelle de viande en décomposition, de bois pourri, de certains Champignons, corps qui émettent parfois, comme on le sait, une lumière phosphorescente, soit à un autre objet phosphorescent. Je crois que pas un des Coléoptères suivants n'est lumineux par lui-même, et que les différents faits relatifs à leur prétendue phosphorescence doivent être laissés complètement de côté, tant qu'ils n'auront pas été confirmés par de nouvelles et *sérieuses* observations :

Voici les faits en question :

Westwood[1] signale des phénomènes de phosphorescence chez un *Nebria* (*Helobia*) *brevicollis*, Fabr., Coléoptère de la famille des Carabides, en faisant observer que cette apparence lumineuse était due, selon lui, à un corps phosphorescent quelconque qui adhérait à cet Insecte.

Reiche[1], Parzudaki[1] et Rouzet[1] donnent des détails sur la crépitation des *Brachinus*, Coléoptères de la famille des Carabides, et signalent la lueur phosphorescente qui accompagne cette crépitation.

George, H. jun.[1] dit avoir trouvé un *Staphylinus* (*Goërius*) *olens*, Müller, Coléoptère de la famille des Staphylinides, qui était phosphorescent.

Peragallo[1] relate une observation qu'il a faite à Menton sur un Insecte en tout semblable à un *Staphylinus olens*, Müller de forte taille, qui laissait derrière lui une trace lumineuse. Il admet (p. 663) : « ou qu'il existe à Menton un Staphylin phosphorescent vivant de Lucioles », ce que je ne puis

1. Voir la Bibliographie générale.

croire, ou que les individus rencontrés par lui et son compagnon de chasse « se trouvaient enduits de la pâte phosphorescente et très-persistante qui emplit les deux derniers anneaux de l'abdomen des Lucioles qu'ils venaient de manger » ; cette dernière explication me paraît seule admissible.

Afzelius[1] prétend que les massues creuses des antennes du *Pausus sphaerocerus*, Afz., Coléoptère de la famille des Pausides, émettent une faible lumière phosphorescente. Par contre, dans sa Monographie de ce genre d'Insectes, Westwood[2] attribue cette apparence lumineuse, non à un phénomène de phosphorescence, mais plutôt au jeu de la lumière sur la surface extrêmement polie de la massue globuleuse des antennes de cet Insecte. J'ajouterai que Péringuey[3], dans ses *Notes on three Paussi*, déclare que la phosphorescence des antennes n'a été observée chez aucune des trois espèces étudiées (*Pausus lineatus*, Thunbg. ; *P. Linnei*, Westw. ; et *P. Burmeisteri*, Westw.).

Latreille[1] fait mention, d'après l'un de ses amis, de la phosphorescence de la grande tache ocellée qui se trouve sur chacune des élytres du *Chrysochroa* (*Buprestis*) *ocellata*, Fabr., Coléoptère de la famille des Buprestides. Cette assertion est sans nul doute erronée.

Lamarck[1] dit que les deux taches ovales et rouges, recouvertes d'une membrane pubescente, qui se trouvent sur le

1. Voir la Bibliographie générale.

2. John-Obadiah Westwood. — *On the Paussidae, a family of Coleopterous Insects*, in Transact. of the Linn. Soc. of London, ann. 1833, p. 607, av. 1 pl.

3. Louis Péringuey. — *Notes on three Paussi*, in Transact. of the entomol. Soc. of London, ann. 1883, p. 133.

second segment de l'abdomen du *Chiroscelis bifenestrata*, Lam., Coléoptère de la famille des Ténébrionides, indiquent un organe particulier, peut-être un organe phosphorescent.

Kirby[1] et Spence[1], dans leur *Introduction to Entomology*, disent (p. 508) que Laporte a informé Chevrolat qu'un nombre considérable d'Hélopides brésiliens (Coléoptères de la famille des Ténébrionides), alliés aux *Stenochia*, ont des segments abdominaux de couleur et d'apparence semblables aux segments abdominaux phosphorescents des Lampyrides, ce qui indiquerait une même propriété lumineuse.

Kirby[1] et Spence[1] rapportent aussi (*loc. cit.*) que le *Dadoychus flavocinctus*, Chev., Coléoptère de la famille des Cérambycides, allié aux *Saperda*, possède un abdomen dont les troisième et quatrième segments ont la même couleur jaune et le même aspect que les segments lumineux des Lampyrides, d'où Chevrolat conclut que cet Insecte est phosphorescent.

Les assertions de Lamarck, de Laporte et de Chevrolat n'ont jamais été sanctionnées par l'observation et l'expérience.

Enfin, Luce[1] a décrit un *Scarabaeus phosphoricus* qui, probablement, n'est autre que la *Luciola italica*, L. ou la *L. lusitanica*, Charp.

HÉMIPTÈRES.

P. 41, l. 21. — La question de la phosphorescence des *Fulgora* et genres voisins est loin encore d'être résolue. En effet, tandis que plusieurs naturalistes affirment que le prolongement céphalique de ces Insectes émet une lueur phos-

1. Voir la Bibliographie générale.

phorescente, d'autres prétendent n'avoir jamais pu constater ce fait, bien qu'ils aient observé attentivement ces animaux, à l'état libre et en captivité. Peut-être l'un des deux sexes est-il seul lumineux? Peut-être les deux sexes le sont-ils, mais à une certaine époque de l'année. Peut-être ne sont-ils lumineux qu'au moment de l'accouplement? Peut-être même n'y a-t-il que certains individus qui possèdent le pouvoir d'émettre une lueur phosphorescente?

Quoi qu'il en soit, il est impossible de se prononcer actuellement pour ou contre la phosphorescence des Fulgorides, admise et niée tour à tour par des personnes dignes de foi. Il faut attendre les résultats d'observations sérieuses, plusieurs fois répétées, pour résoudre, d'une manière définitive, cette intéressante question d'entomologie physiologique.

ORTHOPTÈRES, DIPTÈRES, LÉPIDOPTÈRES ET HYMÉNOPTÈRES.

Allmann[1] parle de la phosphorescence de l'*Anurophorus fimetarius*, Nicolet, Orthoptère du sous-ordre des Thysanoures et de la famille des Podurides.

Kirby[1] et Spence[1], dans leur *Introduction to Entomology* (p. 510), disent qu'on aurait trouvé en Angleterre un individu lumineux de la Courtilière (*Gryllotalpa vulgaris*, Latr.), Orthoptère de la famille des Gryllides. Cette assertion doit être complètement erronée.

Eaton[1], Lewis[1] et Waterhouse[1] signalent la phosphorescence du *Teloganodes tristis*, Hag., ♂, Orthoptère pseudo-Neuroptère de la famille des Ephémérides.

1. Voir la Bibliographie générale.

Eaton[1] et Hagen[1] parlent de la phosphorescence d'une autre espèce d'Ephéméride, le *Caenis dimidiata*, Steph., ♂.

Wahlberg[1] signale la phosphorescence des larves et des nymphes d'un Diptère de la famille des Mycétophilides, le *Ceroplatus sesioïdes*, Wahlbg.

Hudson[1] et Osten-Sacken[1] mentionnent la phosphorescence de larves d'un Diptère de la Nouvelle-Zélande, qui appartient très-probablement à la famille des Mycétophilides.

Osten-Sacken[1] parle de larves lumineuses de *Chironomus*. (Diptères de la famille des Chironomides).

Swinton[1], dans son *Insect Variety*, mentionne (p. 101) le *Chironomus tendens*, Fabr., Diptère de la famille des Chironomides, dont le thorax et l'abdomen seraient, parait-il, lumineux. Le même auteur signale aussi (*loc. cit.*) un Diptère de la famille des Tipulides, une *Tipula?* chez laquelle on aurait observé des phénomènes de phosphorescence.

Main[1] signale un Insecte lumineux, abattu par un fermier et décrit par lui comme se rapportant exactement à une *Tipula oleracea*, L.[2]. Diptère de la famille des Tipulides.

Pallas[1] fait mention d'un *Culex* lumineux. (Diptère de la famille des Culicides).

Robineau-Desvoidy[1], Girard[1], etc., font mention d'un Diptère de la famille des Muscides, le *Thyreophora cynophila*, Panz., dont la tête émet la nuit une lueur phosphorescente.

Boisduval[1] parle de la phosphorescence accidentelle de la

1. Voir la Bibliographie générale.

2. Voir, au sujet de cette prétendue Tipule lumineuse, Kirby et Spence. (*Op. cit.*, p. 511).

chenille de la *Mamestra oleracea*, L., Lépidoptère de la famille des Hadénides.

Gimmerthal[1] signale des faits de phosphorescence chez la chenille de l'*Agrotis* (*Noctua*) *occulta*, L., Lépidoptère de la famille des Agrotides.

Tiedemann[1] dit que, selon Brown, le *Pyralis minor*, Microlépidoptère de la famille des Pyralides, a l'abdomen faiblement lumineux. Ce fait me semble complètement inadmissible. (Voir suppl., p. 101.)

Enfin, Villiers[1] fait mention de petites Fourmis jaunes qui auraient présenté des phénomènes de phosphorescence; mais cette prétendue observation d'Hyménoptères Formicides lumineux doit être complètement erronée.

PHYSIOLOGIE.

P. 48, l. 3. — Au lieu de Humprey Davy, lire Humphry Davy.

P. 48, l. 20. — Au lieu de violettes, lire violets.

P. 52, l. 29. — Depuis la publication des recherches expérimentales de Jousset de Bellesme sur la phosphorescence du Lampyre, différents travaux importants ont paru sur la phosphorescence des Pyrophores, des Lampyres et des Lucioles; mais je n'en donnerai pas l'analyse, afin de ne point dépasser le but très-modeste que je m'étais proposé, en rédigeant mon premier travail sur les Insectes phosphorescents.

Toutefois, je crois utile de reproduire ici une partie des conclusions déduites par Raphaël Dubois[2] des multiples et

1. Voir la Bibliographie générale.

2. Raphaël Dubois. — *Les Elatérides lumineux*, p. 270. (Voir la Bibliographie générale).

remarquables recherches qu'il a faites sur le *Pyrophorus noctilucus*, L. J'ajouterai que ces conclusions ne doivent être appliquées qu'aux Pyrophores, car, en fait de lumière biologique, toute généralisation est prématurée et imprudente.

Voici les plus importants des résultats obtenus par ce physiologiste distingué, résultats qui peuvent être considérés comme le dernier mot de la science actuelle sur la question de la phosphorescence des Elatérides lumineux :

« L'étude anatomique et histologique des organes lumineux montre qu'ils sont composés d'un tissu adipeux spécial et d'organes accessoires. L'histochimie indique l'abondance, dans ce tissu, d'une substance qui présente les caractères de la guanine.

« Au sein de ce tissu adipeux photogène s'effectuent des phénomènes d'histolyse intense, provoqués ou activés par la pénétration du sang dans l'organe lumineux.

« Ce processus histolytique est accompagné de la formation, au sein même de la cellule photogène, d'une innombrable quantité de petits conglomérats cristallins doués de propriétés optiques particulières et spécialement d'une biréfringence très-accentuée.

« L'intervention du sang n'est pas indispensable à l'accomplissement du phénomène lumineux, car l'œuf est luisant, même avant la segmentation. La cellule adipeuse photogène isolée jouit de la même propriété, ce qui établit un nouveau rapprochement entre la substance du corps adipeux et celle du vitellus.

« Les muscles des appareils lumineux règlent l'apport du sang dans les organes photogènes et agissent ainsi indirectement sur la production de la lumière.

« C'est par l'intermédiaire des muscles que les nerfs

interviennent dans l'accomplissement de la fonction photogénique. Le réflexe photo-sensitif a son siège dans les ganglions cérébroïdes. L'excitation descendante ou centrifuge des ganglions d'où émanent les nerfs des appareils lumineux, provoque, de même que leur excitation directe, l'apparition de la lumière. Il n'en est pas de même si l'excitation est centripète ou ascendante. Le cerveau commande aux appareils lumineux par le moyen des nerfs qui animent les muscles striés spéciaux.

« La respiration n'exerce qu'une influence indirecte sur la fonction photogénique, en maintenant l'intégrité des conditions de vitalité des tissus et d'activité du sang.

« La nature de l'alimentation est sans influence sur la production de la lumière animale.

« La cellule (œuf non segmenté, cellule adipeuse), sous l'influence de la nutrition, prépare les principes photogènes, mais la lumière n'est pas le résultat direct de l'activité propre de l'élément anatomique organisé et vivant.

« Lorsque la structure de l'élément anatomique et sa vitalité ont été détruites, le phénomène lumineux peut se produire encore par une action physico-chimique de même ordre que celle qui transforme le glycogène en sucre, dans l'élément hépatique, par exemple.

« L'analogie est frappante, dit Raphaël Dubois (p. 267), entre le phénomène physico-chimique qui provoque l'apparition de la lumière dans la cellule lumineuse et ce qui se passe au sein de l'élément hépatique, dans la fonction glycogénique.

« Ces phénomènes sont absolument de même ordre, bien que différents par les substances mises en présence et le résultat final de la réaction.

« Nous sommes bien loin déjà des explications basées sur la contraction musculaire, l'influx nerveux, l'électricité, la phosphorescence proprement dite, la combustion photogène, etc., etc.

« Il s'agit bien ici d'une double réaction d'ordre chimique s'opérant, au sein même de la cellule, entre les produits de sa destruction physiologique.

« Le rôle du sang lui-même, auquel Heinemann attribue hypothétiquement la plus grande importance, n'est que secondaire. Il est facile de prouver que ce liquide n'intervient pas directement dans la réaction d'où naît la lumière, car on ne peut ranimer l'éclat de la substance qui a cessé de briller, en y ajoutant du sang pris dans l'organe même.

« Il est à noter toutefois que cette réaction chimique nécessite l'intervention d'un ferment soluble et coagulable, c'est-à-dire d'une de ces substances singulières qui ont bravé jusqu'à présent, non-seulement la synthèse, mais même l'analyse, dont l'origine est dans la substance organisée et dont l'intervention semble nécessaire à l'activité de tous les êtres vivants, sans en excepter les ferments figurés eux-mêmes.

« Est-ce à dire que le déterminisme du phénomène qui engendre la lumière ne puisse être poussé plus loin encore, alors même que les éléments de la réaction chimique auraient pu être isolés et définis?

« En aucune façon, car un autre problème se pose immédiatement, et l'on est en droit de se demander si la lumière est produite par l'énergie de la réaction elle-même ou bien si cette réaction, qui est accompagnée, au sein des tissus, de l'apparition de myriades de corpuscules cristallins, n'engendre pas la lumière secondairement, par le fait même de la cristallisation qu'elle semble provoquer.

« Quoi qu'il en soit, nous sommes parvenus à réduire la fonction photogénique, chez les Elatérides lumineux, à un phénomène physico-chimique et à déterminer sa nature ainsi que la catégorie à laquelle il appartient.

« Le problème entre maintenant dans une phase nouvelle et sort du domaine de la physiologie proprement dite.

« L'œuvre du physiologiste est terminée, disait Claude Bernard, quand un phénomène biologique est réduit à l'état de phénomène physico-chimique ».

BIBLIOGRAPHIE GÉNÉRALE

DES

INSECTES PHOSPHORESCENTS

(ANATOMIE, PHYSIOLOGIE ET BIOLOGIE)

BIBLIOGRAPHIE GÉNÉRALE

DES

INSECTES PHOSPHORESCENTS

(ANATOMIE, PHYSIOLOGIE ET BIOLOGIE)

INTRODUCTION

Aujourd'hui, plus que jamais, les bibliographies générales et spéciales, relatives aux sciences biologiques, sont de la plus incontestable utilité. De tous côtés, en effet, des Sociétés d'histoire naturelle s'organisent et reçoivent, à peine créées, de nombreux adhérents; les recherches se multiplient; les travaux se succèdent sans interruption; et la science se trouve enrichie, pour ainsi dire chaque jour, d'une découverte intéressante. Mais ces travaux sont disséminés dans un grand nombre d'ouvrages, de mémoires, de bulletins, d'annales, de revues, de journaux, et il serait complètement impossible à un naturaliste de se rendre compte, même très-imparfaitement, du genre et de la valeur des travaux insérés dans ces publications, si des savants dévoués, comme les Bertkau, les Carus, les Erichson, les Giebel, les Hagen, les Paul Mayer, les Taschenberg, etc., pour n'en citer que plusieurs des principaux, n'avaient pas distrait de leurs attachantes études le temps énorme que nécessitent les recherches bibliographiques. Grâce à eux, grâce à leurs gigantesques compilations, grâce aux recueils que plusieurs d'entre eux publient chaque année, tous les naturalistes peuvent connaître, rapidement et sans frais, les différents mémoires publiés sur le sujet qui les intéresse, et se tenir constamment au courant de leur science favorite.

Il n'est pas nécessaire d'insister plus longuement sur l'extrême utilité de ces sortes de travaux, car tous ceux qui s'occupent de questions scientifiques peuvent sans cesse la reconnaître. Aussi, n'ai-je pas cru inutile de publier la petite bibliographie ci-jointe qui, je l'espère, rendra quelques services à ceux qui voudront étudier la phosphorescence des Insectes. J'en avais réuni les premiers éléments lorsque je fis paraître, en 1881, mon étude de vulgarisation sur les Insectes phosphorescents; depuis cette époque, je l'ai beaucoup augmentée et me suis efforcé de la rédiger aussi clairement que possible.

Dans cette bibliographie générale des Insectes phosphorescents, je n'ai indiqué, à dessein, que les mémoires, travaux, notes, etc., relatifs à l'anatomie, à la physiologie et à la biologie de ces Insectes, laissant entièrement de côté tous les travaux systématiques, qui n'eussent fait qu'augmenter inutilement l'importance de cette compilation, rendre les recherches plus difficiles, et changer complètement le but que je me suis proposé d'atteindre. D'ailleurs, les entomologistes qui voudront étudier les Insectes phosphorescents au point de vue purement descriptif, trouveront, dans les ouvrages que j'énumère ci-dessous[1], les divers renseignements bibliographiques dont ils auront besoin.

1. Julius-Victor Carus et Wilhelm Engelmann. — *Bibliotheca zoologica. Verzeichniss der Schriften über Zoologie welche in den periodischen Werken enthalten und vom Jahre 1846-1860 selbstandig erschienen sind.* 2 vol. Leipzig, W. Engelmann, 1861.

J'ai suivi la méthode généralement adoptée par les bibliographes, et qui consiste à indiquer les différents travaux d'après l'ordre alphabétique des noms des auteurs, en ajoutant leurs prénoms, afin d'éviter les confusions qui pourraient résulter de la similitude des noms, et en joignant à cette énumération trois tables destinées à faciliter quelques recherches particulières. De plus, j'ai mis entre crochets les dénominations latines correspondant à certaines expressions étrangères, telles que *Fire-Fly, Glow-Worm, Johanniswürmchen, Johanniswürmlein, Leuchtkafer, Spring-*

Otto Taschenberg. — *Bibliotheca zoologica, II. Verzeichniss der Schriften über Zoologie welche in den periodischen Werken enthalten und vom Jahre* 1861-1880 *selbstandig erschienen sind.* Leipzig, W. Engelmann, 1886. (En cours de publication).

Hermann-August Hagen. — *Bibliotheca entomologica. Die Litteratur über das ganze Gebiet der Entomologie bis zum Jahre 1862.* 2 vol. Leipzig, W. Engelmann, 1862 et 1863.

Gemminger et B. de Harold. — *Catalogus Coleopterorum hucusque descriptorum synonymicus et systematicus.* (Connu sous le nom de Catalogue de Munich). 12 vol. Munich, E.-H. Gummi (G. Beck), et Th. Ackermann, 1868-1876.

Bericht über die wissenschaftlichen Leistungen im Gebiete der Entomologie (ann. 1838-1885) ; recueil annuel rédigé par Wilhelm-Ferdinand Erichson, par Hermann-Rudolph Schaum, par Carl-Eduard-Adolph Gerstaecker, par Friedrich Brauer, par Eduard-Carl von Martens, et par Philipp Bertkau. Berlin, Nicolaische Verlags-Buchhandlung, 1840-1886.

The Record of zoological Literature (ann. 1864-1869), continué sous le titre de *The zoological Record* (ann. 1870-1885). Londres, J. van Voorst, 1865-1886.

Et *Zoologischer Jahresbericht herausgegeben von der zoologischen Station zu Neapel. — Arthropoda* (ann. 1880-1885) ; recueil annuel rédigé par Julius-Victor Carus, par Paul Mayer, et par Wilhelm Giesbrecht. Leipzig, W. Engelmann, 1881-1884, et Berlin, R. Friedlander et Sohn, 1885-1886.

käfer,, etc., qui ne sont pas connues de tous les naturalistes, et j'ai donné quelques renseignements sur la nature du sujet traité et sur les Insectes étudiés dans les travaux dont le titre n'était pas par lui-même suffisamment explicite. Inutile d'ajouter que les noms employés par moi sont ceux dont les entomologistes se servent actuellement, et que j'ai remplacé les dénominations anciennes d'*Elater noctilucus*, L., de *Lampyris italica*, L., etc., etc., par les expressions beaucoup plus correctes de *Pyrophorus noctilucus*, L. et de *Luciola italica*, L. Dans cette bibliographie, j'ai indiqué *en français*, non-seulement les titres des travaux, notes et observations qui figurent dans les recueils étrangers sans titre précis, mais aussi l'indication de quelques travaux dont je n'ai pu me procurer le titre véritable. Enfin, j'ai donné, aussi exactement et aussi clairement que possible, les titres des recueils dans lesquels les différents mémoires ont été publiés, en mettant entre crochets les titres des publications qui ne donnent de ces mémoires qu'un extrait ou qu'une analyse, et en y joignant les indications absolument nécessaires de la date de publication des ouvrages, des numéros du tome, de la page, des planches et des figures, etc.

Relativement aux ouvrages bibliographiques, je tiens à faire ici quelques observations critiques sur la façon dont certains bibliographes, sous le prétexte d'être concis, indiquent les recueils dans lesquels sont insérés les travaux qu'ils mentionnent.

A cet égard, je ne citerai qu'un exemple, qui suffira, je crois, à me faire bien comprendre.

Dans une bibliographie concernant les Myriopodes, fort utile d'ailleurs, et qui émane d'un entomologiste distingué, le Bulletin de la Société des Amis des Sciences naturelles de Rouen est indiqué comme suit, à propos d'une variété nouvelle du *Iulus longabo*, C. Koch décrite par Robert Latzel : « Bull. Soc. Rouen, 1883, 271 » [1]. Il n'est pas difficile de voir combien ce renseignement est insuffisant. Je suppose, en effet, qu'un auteur ait besoin de se procurer le recueil en question. Quel bulletin devra-t-il demander, puisqu'il ne connait même pas le nom de la Société qui le publie? Il sera donc obligé de se renseigner s'il existe à Rouen plusieurs Sociétés s'occupant de sciences naturelles, et de s'informer ensuite s'il n'a pas été publié dans le bulletin de 1883, à la page 271 du tome qui lui est inconnu, un mémoire sur les Myriopodes. On comprend de suite combien ces recherches seront fastidieuses, longues, dispendieuses même. Et cependant, il eut suffit de *quelques lettres de plus* pour les éviter entièrement. Au lieu de « Bull. Soc. Rouen, 1883, 271 » l'auteur n'avait qu'à mettre « Bull. Soc. Amis Scienc. natur. de Rouen, 2e sem. 1883, p. 271 », et toute recherche devenait inutile, le doute n'existant plus sur le nom de la Société et sur le numéro du bulletin à consulter. C'est une grave erreur, commise par beaucoup de savants actuels, de croire que tous ceux qui s'occupent d'histoire naturelle doivent forcément savoir que C. R. et S. N., pour n'en citer que deux exemples, sont l'indication abrégée des Comptes rendus hebdomadaires des séances de l'Académie des Sciences de Paris et du *Systema Naturae*, de Linné. Les bibliographies ont pour but essentiel de faciliter les recherches; elles doivent donc être rédi-

1. Alfred Preudhomme de Borre. — *Tentamen Catalogi Lysiopetalidarum, Julidarum, Archiulidarum, Polyzonidarum atque Siphonophoridarum hucusque descriptarum*, in Annal. de la Soc. entomol. de Belgique, ann. 1884, t. XXVIII, p. 56.

gées avec la plus grande clarté possible, d'autant plus qu'elles s'adressent, non pas toujours à des savants de profession, mais encore, et souvent même, à des débutants dans les sciences. Je crois utile de signaler ces abus, qu'un amour exagéré de la concision ne saurait justifier, et j'espère que des réclamations réitérées finiront un jour par les faire entièrement disparaître.

Un dernier mot encore avant d'abandonner cette question. Dans quelques-unes des nombreuses bibliographies que j'ai consultées, j'ai remarqué que leurs auteurs n'indiquaient pas le nom de la ville où étaient publiés les recueils qu'ils citaient. C'est une omission fâcheuse, car il existe beaucoup de Sociétés dont les titres ne renferment pas le nom de la ville où elles siègent, et, dans ce cas, cette omission peut causer parfois des recherches assez longues.

Pour rédiger ma bibliographie des Insectes phosphorescents, j'ai dû forcément consulter un grand nombre d'ouvrages bibliographiques, de mémoires, de bulletins, d'annales et de recueils de toutes sortes, soit dans ma bibliothèque personnelle, soit dans celle des Sociétés savantes de Rouen, soit, surtout, dans la riche Bibliothèque du Muséum d'Histoire naturelle de Paris, dont l'organisation et l'obligeance des Bibliothécaires sont au-dessus de tout éloge; mais je n'ai malheureusement pu vérifier par moi-même les titres de tous les travaux indiqués dans ma bibliographie, plusieurs d'entre eux étant presque introuvables aujourd'hui, ce qui explique pourquoi certains renseignements ne sont pas aussi complets que je l'eusse désiré.

Les travaux publiés sur les Insectes phosphorescents sont extrêmement nombreux, car ces animaux ont excité de tout temps la sagacité des naturalistes et l'imagination des littérateurs; mais je n'ai voulu citer que les travaux et les communications qui contenaient des observations plus ou moins originales, des notes utiles, ou des renseignements généraux sur la phosphorescence des Insectes, laissant complètement de côté tous les renseignements et observations puisés aux sources originales, qui figurent dans les traités classiques de Zoologie et de Physiologie ou dans les ouvrages de vulgarisation. De plus, je n'ai pas fait mention de quelques renseignements et indications bibliographiques relatifs à des Insectes phosphorescents, renseignements incomplets ou douteux, que j'ai trouvés dans certains ouvrages et dont il m'a été impossible de vérifier l'exactitude. J'ajouterai que dans ma bibliographie figurent comme étant lumineux différents Insectes qui ne le sont nullement en réalité; les phénomènes de phosphorescence que l'on a cru observer chez eux résultant d'observations fausses ou mal interprétées. Je devais, pour être complet, indiquer ces observations, au sujet desquelles j'ai donné des renseignements explicatifs dans mes *Notes complémentaires*. Enfin, dans le but de faciliter certaines recherches, j'ai joint à la table alphabétique des auteurs deux autres tables indiquant les noms des auteurs par groupe d'Insectes lumineux et par date de publication de leurs travaux.

Malgré tout le soin que j'ai apporté dans la rédaction de cette bibliographie et dans la correction des épreuves, il est à peu près certain, hélas, que j'aurai commis des oublis et des erreurs provenant de l'insuffisance forcée de mes recherches et de mes vérifications; mais je suis certain d'être excusé, au moins par ceux qui ont entrepris de semblables travaux et qui en connaissent les multiples difficultés, sans parler du temps énorme qu'exigent ces ingrates recherches. J'ai cependant la conviction que le naturaliste qui voudrait se donner la peine de parcourir tous les ouvrages cités, aurait une idée suffisamment exacte de ce qui a été publié jusqu'à ce jour, au point de vue scientifique, sur les Insectes phosphorescents.

BIBLIOGRAPHIE GÉNÉRALE

DES

INSECTES PHOSPHORESCENTS

(ANATOMIE, PHYSIOLOGIE ET BIOLOGIE)

A

AFZELIUS, Adam. — *Observations on the genus Pausus and description of a new species* (*Pausus sphaerocerus*, Afz.), in Transact. of the linn. Soc., Londres, ann. 1798, t. IV, p. 243, et pl. XXII (*P. sphaerocerus*, fig. 1-6; *P. microcephalus*, fig. 1-5). [Coléoptères de la famille des Pausides].

Analyse in WIEDEMANN, C.-R.-W. — Archiv für Zoologie und Zootomie, Brunswick, ann. 1800, t. I, part. 2, p. 294; et in Annual Register, ann. 1805, p. 824.

ALDROVANDE, Ulysse. — *De Animalibus Insectis libri septem*. Bononiae, apud I.-B. Bellagambam, 1602. [*Pyrophorus*, p. 491; *Lampyris*, p. 493, av. fig. (p. 495)].

ALLEN, Benjamin. — *Natural History of the mineral Waters of Great Britain with observations on the Glow-Worm*. Londres, 1711. [*Lampyris noctiluca*, L.].

ALLMAN, George-James. — *On the emission of light by Anurophorus fimetarius*, Nicolet, in Proceed. of the roy. irish. Acad., Dublin, ann. 1850, t. V, p. 125. [Orthoptère du sous-ordre des Thysanoures et de la famille des Podurides].

ANGHIERA, Pietro-Martire D'. — *Decades of the New-World.* — *De rebus Oceanio et orbe novo Decades.* Paris, 1536. [Observat. sur des Insectes phosphorescents].

ANONYME. — *Natural Philosophy.* Londres, Baldwin, 1829, p. 31. [Lampyres].

ANONYME. — *The possibility of introducing and naturalising that beautiful Insect the Fire-Fly*, in Magaz. of Nat. Hist., Londres, ann. 1832, p. 672. [*Pyrophorus*].

ANONYME. — *Ueber das Betragen der Larven von Lampyris*, in Isis, Encyklop. Zeitschr., Leipzig, ann. 1834, p. 850; et in FRORIEP, L.-F. VON. — Notizen aus dem Gebiete der Natur- und Heilkunde, Weimar, t. XIII, p. 321.

ARISTOTE. — *Histoire des animaux.* Traduction française par CAMUS. Paris, Desaint, 2 vol., 1783, t. I, liv. IV, chap. 1, p. 171. [Lampyrides].

ARNOLD, Carl. — *Beitraege zur vergleichenden Physiologie*, in Mittheil. der Naturforsch. Gesellsch. in Bern, ann. 1881, n° 979-1003, p. 151. [Observat. sur la phosphorescence du Lampyre à ses différents états].

[Analyse in MAYER, P. et GIESBRECHT, W.—Zoologisch. Jahresbericht der zoologisch. Station zu Neapel, Arthropoda, Berlin, ann. 1885, p. 138].

AUBERT ET DUBOIS, Raphaël. — *Sur les propriétés de la lumière des Pyrophores*, in Compt. rend. hebd. des séanc. de l'Acad. des Scienc., Paris, ann. 1884, t. XCIX, (séance du 15 septembre 1884), p. 477.

[Analyse in MAYER, P. et GIESBRECHT, W. — Zoologisch. Jahresbericht der zoologisch. Station zu Neapel. Arthropoda, Berlin, ann. 1884, p. 161; et in The Journ. of Science and Annal. of Astronomy, Biology, etc., Londres, ann. 1884, p. 595].

AUDOUIN, Jean-Victor.—*Remarques sur la phosphorescence de quelques animaux articulés, à l'occasion d'une lettre de Forester sur la phosphorescence des Lombrics terrestres*, in Comp. rend. hebd. des séanc. de l'Acad. des Scienc., Paris, ann. 1840, t. XI, (séance du 9 novembre 1840), p. 747. [Observat. sur le *Lampyris noctiluca*, L., p. 749].

AUSTIN ET MARTIN. — *Notes sur la phosphorescence des Lampyrides*, in Report of the entomol. Soc. of the Province of Ontario, ann. 1880, p. 17.

AUZOUX, Hector. — Voir TROMELIN.

AZARA, Félix DE. — *Voyages dans l'Amérique méridionale* (1781-1801). Paris, Dentu, 1809, 4 vol. et 1 atlas, t. I, p. 111 et 211. [Observat. sur des Insectes phosphorescents].

B

BACH, Michael. — *Ueber das Leuchten des Johanniswürmchen und einiger andern Insecten*, in Natur und Offenbarung, Munster, ann. 1858, t. IV, p. 368. [*Lampyris noctiluca*, L.].

Bacon, François. — *Sylva sylvarum, or a Natural History*, published after the author's death by W. Rawley. Londres, 1627, p. 120 et 748. [Observat. sur des Insectes phosphorescents].

Bacouni, A. de. — *Osservazioni sulle Lucciole maggiori (Lampyris noctiluca*, L.), 1785?

Baron. — *Note sur la biologie du Pyrophorus noctilucus*, L., in Annal. de la Soc. entomol. de France, Paris, ann. 1873, bull. des séanc., p. cxlix.

Barrère. — *Essais sur l'Histoire naturelle de la France équinoxiale*. 1831, p. 207. [Observat. sur des Insectes phosphorescents].

Bartholin, Thomas. — *De luce animalium*, lib. III. Lugduni Batavorum, ex officina Francisi Hackii, 1647, p. 205. [Observat. sur des Insectes phosphorescents].

Bates, Henry-William. — *Sur la non-phosphorescence du Fulgora laternaria*, L., in Transact. of the entomol. Soc. of London, ann. 1861, proceed., p. xiv. [Cet auteur dit que, personnellement, il n'a constaté aucun phénomène de phosphorescence chez cet Hémiptère, et que les indigènes de l'Amazone, qui cependant connaissent bien cet Insecte et le considèrent comme venimeux, ne lui ont jamais parlé de sa luminosité].

[Analyse in Gerstaecker, C.-E.-A. — Bericht über Entomol., Berlin, ann. 1863-1864, p. 61].

Bates. — Voir Clark.

Beach, Alfred-E. [Editeur]. — The Science Record for 1874. A compendium of scientific progress and discovery during the past year. New-York, 1875. [Observat. sur des Insectes phosphorescents].

Beauvois, Palisot de. — Voir Palisot.

Becker, J. von. — *Ueber das Leuchtorgan der Lampyris splendidula*, L., in Oefvers af Finska Vetensk.-Soc. Forhandling., Helsingfors, ann. 1865-1866, t. VIII, p. 15.

Becker, Johann-Joseph-Maria. — *Le Fulgora laternaria*, L. *et sa Larve ne sont point lumineux d'après les observations de Beske*, in Annal. de la Soc. entomol. de France, Paris, ann. 1818, bull. des séanc., p. xiv.

Beckerheim. — *Observations sur la phosphorescence des Insectes*, in Annal. de Chimie, Paris, ann. 1789, t. IV, p. 19.

Bellesme, Jousset de. — Voir Jousset.

Belon, Marie-Joseph. — Voir Tromelin.

Bernoulli, Christoph. — *Ueber das Leuchten des Meeres, mit besonderer Hinsicht auf das Leuchten thierischer Korper*. Gottingue, Dieterich, 1803. [Observat. sur les Lampyres].

Berthold, Arnold-Adolph. — *Lehrbuch der Physiologie*. 1829, t. I, p. 78. [Observat. sur les Lampyres, etc.].

Beske. — Voir Becker.

Béthune, C.-J.-S. — *Sur une Larve lumineuse de Lampyride? ou d'Elatéride?, du Canada*, in The canad.

Entomol., Montréal, ann. 1863, p. 2. [Observat. sur cette larve par MORRIS, COUPER et OSTEN-SACKEN, p. 14 et 38].

BLANCHARD, Emile. — Voir PASTEUR.

BLANCHET, Rodolphe. — *De la production de la lumière chez les Lampyres*, in Biblioth. univers. des Scienc., Belles-Lettres et Arts, Genève, ann. 1856, t. XXXI, p. 213.
[Analyse in GERSTAECKER, C.-E.-A. — Bericht über Entomol., Berlin, ann. 1856, p. 79].

BLESSON, L. — *Observations on the Ignis fatuus*, in The entomol. Magaz., Londres, n° 4, juillet 1833, p. 353. [Observat. sur les Lampyres ?].

BOISDUVAL, Jean-Alphonse. — *De la phosphorescence des Chenilles de Mamestra oleracea*, L., in SILBERMANN, G. — Revue entomol., Strasbourg et Paris, ann. 1833, t. I, p. 226. [Lépidoptère de la famille des Hadénides].

BOISDUVAL, Jean-Alphonse. — Voir TROMELIN.

BOLL, Ernst-Friedrich-August. — *Elater noctilucus*, L. *in Hamburg*, etc., in Archiv des Vereins der Freunde der Naturgesch. in Mecklenburg, Neubrandenburg, ann. 1857, 11e cah., p. 151. [*Pyrophorus noctilucus*, L.].

BONDAROY, Auguste-Denis, FOUGEROUX DE. — *Mémoire sur un Insecte de Cayenne, appelé Maréchal, et sur la lumière qu'il donne*, in Mém. de l'Acad. des Scienc., Paris, ann. 1766, Mém. de l'Acad., p. 339; Hist. de l'Acad., p. 29, avec 1 pl.; et in Recens. Comment. Lips., t. XVIII, p. 73. [*Pyrophorus noctilucus*, L.].

Bonpland, Aimé. — Voir Humboldt.

Bottoni, Dominique. — *Pyrologia Typographiae.* Naples, Parrini, 1692. [Observat. sur les Lampyres].
[Extrait in Frankische Acta Eruditor., Nuremberg, Suppl. t. XI, p. 188].

Bowles, George-H. — *On luminous Insects*, in Report of the entomol. Soc. of the Province of Ontario, ann. 1882, p. 34, et fig. 16. [*Pyrophorus*].

Bowring J.-C. — *On the phosphorescence of Fulgora candelaria*, L., in Annal. and Magaz. of Nat. Hist., Londres, ann. 1844, p. 127. [Cet auteur n'a pas observé la phosphorescence des *Hotinus candelarius*, L., à l'état libre ou en captivité].

Branner, J.-C. — *The reputation of the Lantern-Fly*, in The americ. Naturalist, Philadelphie, ann. 1885, t. XIX, p. 834, av. fig. [Cet auteur parle des idées fausses qui ont cours au Brésil sur le *Fulgora laternaria*, L., appelé « Jitirana Boïa », et nie que cet Hémiptère soit phosphorescent et venimeux].

Brown, Patrick. — *The civil and natural History of Jamaïca.* Londres, 1756, p. 431. [Observat. sur des Insectes phosphorescents].

Brown, Patrick. — Voir Tiedemann.

Brugnatelli, Luigi-Gaspar. — Annali di Chimica e Storia naturale, etc. Pavie, ann. 1790-1802, 21 vol., t. XIII (1797). [Observat. sur la phosphorescence des Lampyres, etc.].

Brugnatelli, Luigi-Gaspar. — *Nota sul fosforismo di vari corpi e segnatamente degli animali vivi*, in Giorn. di Fisica, Chimica e Storia naturale, etc. Pavie, ann. 1814, t. VII, p. 238. [? Observat. sur des Insectes phosphorescents].

Bruguière, Jean-Guillaume. — *Observations sur les Lampyres*, in Journ. d'Hist. natur., Paris, ann. 1792, t. II, p. 267.

Brullé, Auguste. — Voir Laporte.

Burmeister, Hermann-Carl-Conrad. — *Handbuch der Entomologie*, Berlin, t. I (1832), p. 535. [Généralités sur les Insectes phosphorescents, avec de nombreux renseignements bibliographiques].

Burmeister, Hermann-Carl-Conrad. — *Observations on a light-giving Coleopterous Larva, from Paranà*, in The Journ. of the linn. Soc. of London, Zoology, ann. 1871, p. 416, av. fig. [Larve inconnue d'un Coléoptère].

Burnett, Waldo-Irvin. — *On the luminous spots of the great Fire-Fly of Cuba (Pyrophorus phosphoreus)*, in Proceed. of the Boston Soc. of Nat. Hist., ann. 1850, t. III, p. 290.

C

Camerarius, Johann-Rudolph. — *Cicindelae historia, fulgoris calculo vesicae frangendo utilis*, in Syllog. memorab., 1621, Cent. 4, part. 30, p. 208; Cent. 19, part. 37, p. 1541. [Lampyres?].

CAMERON, John. — *Our tropical Possessions in malayan India*, p. 80. [Observat. sur des Insectes phosphorescents].

[Analyse in The Zoologist, Londres, ann. 1865, t. XXIII, p. 9739].

CANDÈZE, E. — *Histoire des métamorphoses de quelques Coléoptères exotiques*, in Mém. de la Soc. roy. des Scienc. de Liége, ann. 1861, t. XVI, p. 361, et pl. III, fig. 5. [Description de la larve du *Photuris pensylvanica*, Degeer].

CANDÈZE, E. — Voir SMITH.

CARPENTER, William-Benjamin. — *The popular Cyclopaedia of Natural Science. — Animal Physiology*. Londres, Orr et Co, 1843. [Pyrophores et Lampyrides, p. 397; Fulgorides, p. 400 et 679].

CARRADORI, Giovacchino. — *Expériences et Observations sur la phosphorescence des Lucioles* (*Lampyris italica*, L.), in Annal. di Chimica e Storia naturale, etc., Pavie, ann. 1797, t. XXVI, p. 96; in The philosoph. Magaz., Londres, ann. 1798, t. II, p. 77: et in VOIGT, J.-H. — Magaz. für das Neuest. aus der Physik und Naturgesch., Gotha, ann. 1799, t. I, part. 1, p. 129. [*Luciola italica*, L.].

CARRADORI, Giovacchino. — *Esperienze ed Osservazioni sopra il fosforo delle Lucciole* (*Lampyris italica*, L.), in Giorn. di Fisica, Chimica e Storia naturale, etc., Pavie, ann. 1808, t. I, p. 269. [*Luciola italica*, L.].

Carradori, Giovacchino. — *Dell' eccitabilità del fosforo delle Lucciole* (*Lampyris italica*, L.), in Giorn. di Fisica, Chimica e Storia naturale, etc., Pavie, ann. 1814, t. VII, p. 306. [*Luciola italica*, L.].

Carrara, Marcellino. — *Sulla phosphorenza della Lucciola comune* (*Lampyris italica*, L.), in Biblioth. italiana, Milan, ann. 1836, t. LXXXII, p. 357. av. 1 pl. [*Luciola italica*, L.].

[Analyse in L'Institut, Paris, ann. 1836, t. IV, nº 188, p. 424].

Carus, Carl-Gustav. — *Ueber das Licht der italienischen Leuchtkafer*, in Carus, C.-G. — Analecten zur Natur- und Heilkunde, Leipzig, 1829, p. 169. [*Luciola italica*, L.].

Carus, Carl-Gustav. — *Expériences sur la matière phosphorescente de la Lampyris italica*, L.: *action de l'eau pour rendre à la matière desséchée cette phosphorescence;* (extrait d'une lettre adressée par l'auteur), in Compt. rend. hebd. des séanc. de l'Acad. des Scienc., Paris, ann. 1864, t. LIX, (séance du 10 octobre 1864), p. 607. [*Luciola italica*, L.].

Castelnau, de. — Voir Laporte.

Chabrillac, François. — *Sur la non-phosphorescence du Fulgora laternaria*, L., in Annal. de la Soc. entomol. de France, Paris, ann. 1859, bull. des séanc., p. cii.

Charpentier, Toussaint de. — *Horae entomologicae.* Wratislaviae, Gosohorsky, 1825, p. 192, et pl. VI, fig. 5-6. [Description de la larve de la *Luciola italica*, L.].

CHAMPION, George-C. — *Biologie des Fulgorides*, in Transact. of the entomol. Soc. of London, ann. 1883, proceed., p. XX. [D'après cet auteur, les Fulgorides ne sont pas phosphorescents].

CHEVROLAT, Auguste. — *Description du genre Dadoychus*, in SILBERMANN, G. — Revue entomol., Strasbourg et Paris, ann. 1833, t. I, descript. n° 11, p. 4, av. fig. col. [Coléoptères de la famille des Cérambycides].

CHEVROLAT, Auguste. — Voir TROMELIN.

CLARK, HAMLET, MAC LACHLAN, BATES, SAUNDERS, etc. — *Discussion sur la phosphorescence des Insectes*, in Transact. of the entomol. Soc. of London, ann. 1865, proceed., p. LXLIV.

COLUMNA, Fabius-Lincaeus. — *Aquatilium et terrestrium aliquot animalium aliorumque naturalium rerum observationes*. Rome, Mascardi, 1616, cap. XVII. [Lampyrides].

CONROY et SPILLER. — *Spectre de la lumière du Lampyris noctiluca*, L., in Nature, Londres et New-York, 1882, t. XXVI, p. 319 et 343.

COUPER. — Voir BÉTHUNE.

CURTIS, John. — *An account of Elater noctilucus*, L., *the Fire-Fly of the West-Indies*, in The zoolog. Journ., Londres, ann. 1827, t. III, n° XI, p. 379. [*Pyrophorus noctilucus*, L.].

[Extrait in FÉRUSSAC, A. DE. — Bull. univers. des Scienc. natur. et de Géologie, Paris, ann. 1829, t. XVI, p. 327; in HEUSINGER, C.-F. — Zeitschr. für organ.

Physik, Eisenach, ann. 1829, t. III, cah. I, p. 137; i. FRORIEP, L.-F. VON. — Notizen aus dem Gebiete der Natur- und Heilkunde, Weimar, ann. 1829, t. XXIV, p. 344; ann. 1830, t. XXVIII, p. 1; in THON, T.-C.-G. — Archiv der Naturgesch., Naumburg, ann. 1830, t. II, part. 2, p. 63; in Isis, Encyklop. Zeitschr., Leipzig, ann. 1830, t. XI, p. 1171].

D

DALE, James-Charles. — *The Glow-Worm is plentiful in many parts of the Kingdom,* in Magaz. of Nat. Hist., Londres, ann. 1834, p. 250. (Remarques à ce sujet par James JENNINGS, James MAIN, Edward WILSON et Hugh-Edwin STRICKLAND). [*Lampyris noctiluca,* L.].

DALE, James-Charles.— *Note on the Glow-Worm,* in Magaz. of Nat. Hist., Londres, ann. 1834. p. 253. [*Lampyris noctiluca,* L.].

DARWIN, Charles. — *Voyage d'un Naturaliste autour du Monde,* traduit de l'anglais par Edmond Barbier, Paris, C. Reinwald et Cie, 1875. [Observat. sur des Insectes phosphorescents].

DAUMONT, G. — *Sur une Nymphe de Lampyris noctiluca,* L. *présentant deux points très-lumineux,* in Annal. de la Soc. entomol. de France, Paris. ann. 1851, bull. des séanc., p. CII.

DAVY, Humphry. — *On the light of the Glow-Worm,* in Philosoph. Transact. of the roy. Soc. of London, ann. 1810, p. 237. [*Lampyris noctiluca,* L.].

DEGEER[1], Carl. — *Lyckle-Masken fran China (Fulgora candelaria*, L.), in Svenska Vetensk. Acad. Handl., Stockholm, ann. 1746, t. VII, p. 65: Deutsche Uebers., ann. 1752, t. VIII, p. 67, av. fig.; et in Latein. Uebers., in Analecta transalpina, t. I, p. 475. [*Hotinus candelarius*, L.]. [Voir LINNÉ].

DEGEER, Carl. — *Mémoire sur un Ver-luisant femelle et sur sa transformation*, in Mém. de l'Acad. des Scienc., Paris, Savants étrangers, ann. 1755, t. II, p. 261, et pl. IX, fig. 1-12. [*Lampyris noctiluca*, L.].

[Traduction in GOEZE, J.-A.-E. — Karl Bonnet's wie auch einig. andern berühmt. Naturforsch. auserl. Abhandl. aus der Insectologie, etc. Halle, Gebauer, 1774, p. 348].

DEGEER, Carl. — *Mémoires pour servir à l'Histoire des Insectes*. 7 tom. (8 vol.), av. pl., Stockholm, L.-L. Grefing, et P. Hesselberg, 1752-1778. — T. III (1773), *Fulgora laternaria*, L., p. 195; *Hotinus candelarius*, L., p. 197. T. IV (1774), *Lampyris noctiluca*, L., p. 31, et pl. I, fig. 19-33; *Luciola italica*, L., p. 54, et pl. XVII, fig. 9-11; *Pyrophorus noctilucus*, L., p. 160, et pl. XVIII, fig. 1; *Pyrophorus phosphoreus*, L., p. 161, et pl. XVIII, fig. 2.

DESMAREST, Eugène. — Voir TROMELIN.

1. La véritable orthographe du nom de cet illustre naturaliste est *Degeer* et non *de Geer*. (Renseignement communiqué par Degeer lui-même à l'entomologiste allemand J.-A.-E. Goeze et cité par ce dernier à la page XIV de l'introduction à ses *Entomologische Beitraege zu des Ritter Linné zwolften Ausgabe des Natursystems*. Leipzig, Weidmann, 3 tom. (5 vol.), 1777-1781).

DIECKHOFF, Ludw.-A.—*Ueber das Leuchten der Lampyris-Arten*, in Stettiner entomol. Zeit., ann. 1842, t. III. p. 117.

DOLLFUS, Adrien. — *Note sur la présence du Lamprohiza[1] splendidula*, L. *dans les environs de Spa*, in Feuille des Jeunes Naturalistes, Paris, 11e ann. (1881). n° 131 (1er septembre 1881), p. 152.

DORTOUS DE MAIRAN, Jean-Jacques. — *Dissertation sur la cause de la lumière des Phosphores et des Noctiluques*. Paris, 1715, ou Bordeaux, R. Lebrun, 1717. p. 54. [Observat. sur des Insectes phosphorescents].

DOUBLEDAY, Edward. — *Discussion on the Luminosity of Fulgora candelaria*, L., in The entomol. Magaz., Londres, ann. 1836, t. III, p. 15 et 105. [*Hotinus candelarius*, L.].

DUBOIS, Raphaël et REGNARD, Paul. — *Note sur l'action des hautes pressions sur la fonction photogénique du Lampyre*, in Compt. rend. hebd. des séanc. de la Soc. de Biologie, Paris, ann. 1884, p. 675. [*Lampyris noctiluca*, L.].

DUBOIS, Raphaël. — *Sur la lumière des Pyrophores*, in Compt. rend. hebd. des séanc. de la Soc. de Biologie, Paris, ann. 1884, n° 37.

1. *Lamprohiza*, et non *Lamprorhiza*, comme l'écrivent la plupart des auteurs, car ce nom générique n'est pas formé de λαμπρός et de ῥίζα, ainsi que l'indique le Catalogue de Munich, mais bien de λαμπρός et de ἵζω. [Cf.-Jules Bourgeois. — *Faune gallo-rhénane. Malacodermes. Lampyrini*, p. 77 (en note). [Publiée dans la Revue d'Entomologie, Caen].

DUBOIS, Raphaël. — *Note sur la physiologie des Pyrophores*, in Compt. rend. hebd. des séanc. de la Soc. de Biologie, Paris, ann. 1881, n° 40, p. 661.

DUBOIS, Raphaël. — *Fonction photogénique des Pyrophores*, in Compt. rend. hebd. des séanc. de la Soc. de Biologie, Paris, ann. 1885, n° 30, p. 553.

DUBOIS, Raphaël. — *Contribution à l'étude de la production de la lumière par les êtres vivants. — Les Elatérides lumineux*, in Bull. de la Soc. zoolog. de France, Paris, ann. 1886, p. 1, et pl. I-IX, avec fig. dans le texte, et un buste de Claude Bernard, photographié par la lumière animale. — Tirage à part, Meulan, 1886. [Ce travail, qui a servi de thèse à l'auteur pour obtenir le grade de Docteur ès-sciences naturelles, est une œuvre de premier ordre, qui éclaire considérablement cette importante question physiologique].

DUBOIS, Raphaël. — *De la fonction photogénique dans les Œufs du Lampyre*, in Bull. de la Soc. zoolog. de France, Paris, ann. 1887, fasc. 1.

DUBOIS, Raphaël. — Voir AUBERT.

DUFOUR, Léon. — *Recherches anatomiques sur les Carabiques et sur plusieurs autres Coléoptères*, in Annal. des Scienc. natur., Paris, ann. 1824, t. III, p. 225, etc. [Anatomie du *Lampyris noctiluca*, L.].

DUTERTRE. — *Histoire générale des Antilles françaises*. Paris, 1667, p. 280. [Observat. sur des Insectes phosphorescents].

E

Eaton, A.-E. — *Notes on the intermittent light of Luciola lusitanica*, Charp., in The Entomol. monthl. Magaz., Londres, ann. 1880, t. XVII, p. 94.

Eaton, A.-E. — *Sur la phosphorescence du Caenis dimidiata*, Steph., in Transact. of the entomol. Soc. of London, ann. 1880, proceed., p. viii. [Orthoptère pseudo-Neuroptère de la famille des Ephémérides].

Eaton, A.-E. — *Luminous May-Fly from Ceylon*, in Transact. of the entomol. Soc. of London, ann. 1882, proceed., p. xiii. [Cet Insecte est probablement le *Teloganodes tristis*, Hag., ♂, Orthoptère pseudo-Neuroptère de la famille des Ephémérides. — Observat. à ce sujet par George Lewis et Charles-Owen Waterhouse].

Eaton, A.-E. — Voir Hagen.

Edwards, H. — *Sur la phosphorescence du Fulgora laternaria*, L., in Transact. of the entomol. Soc. of London, ann. 1848, proceed., p. xxxviii. [Phosphorescence admise d'après les assertions de quelques indigènes].

Edwards, Henri Milne. — Voir Milne-Edwards.

Ehrenberg, Christian-Gottfried. — *Das Leuchten des Meeres. Neue Beobachtungen nebst Uebersicht der geschichtlichen Entwicklung dieses merkwürdigen Phaenomens*, in Abhandl. der koniglich. Akad. der Wissenschaft. zu Berlin, ann. 1834, p. 411, av. 2 pl. [Dans le chapitre intitulé : *Geschichtliche Uebersicht der Beobachtungen und Erklarungen des Meeresleuchtens* (p. 413-525), cet auteur indique et analyse sommairement tous les mémoires, notes, observations, etc., relatifs à la phosphorescence des animaux et des végétaux, qui ont été publiés jusqu'en 1834. Ehrenberg donne aussi (p. 519) des détails sur la structure des organes phosphorescents des Pyrophores et des Lampyres].

EMERY, Carlo. — *Studi intorno alla Luciola italica*, L., in Bull. della Soc. entomol. italiana, Florence, 15e ann. (1883), p. 327. [Résumé du travail suivant].

EMERY, Carlo. — *Untersuchungen über Luciola italica*, L., in Zeitschr. für wissenschaftl. Zoologie, Leipzig, ann. 1884, t. XL, p. 338, et pl. XIX, fig. 1-24. [Travail très-important]. [Résumé de l'auteur in Archiv. italien. de Biologie, Turin, ann. 1884, t. V, p. 175, av. 2 fig.].

[Analyse in MAYER, P. et GIESBRECHT, W. — Zoologisch. Jahresbericht der zoologisch. Station zu Neapel, Arthropoda, Berlin, ann. 1884, p. 165; in BERTKAU, P. et MARTENS, E. VON. — Bericht über Entomol., Berlin, ann. 1884, p. 211; et in The Journ. of Science and Annal. of Astronomy, Biology, etc., Londres, ann. 1884, p. 599].

EMERY, Carlo. — *La luce della Luciola italica*, L. *osservata col microscopio*, in Bull. della Soc. entomol. italiana, Florence, 17e ann. (1885), p. 351, et pl. V; in Archiv des Scienc. physiq. et natur., Genève, ann. 1885, t. XIV, p. 272; et in Archiv. italien. de Biologie, Turin, ann. 1886, t. VII, 2e fasc.

[Analyse in MAYER, P. et GIESBRECHT, W. — Zoologisch. Jahresbericht der zoologisch. Station zu Neapel, Arthropoda, Berlin, ann. 1885, p. 148; et in BERTKAU, P. — Bericht über Entomol., Berlin, ann. 1885, p. 287].

EMMERT. — *Aehnlichkeit aufmerksam welche zwischen den Tracheenzellen im Leuchtorgan von Lampyris und den Langerhans'schen*, in SCHULTZE, M.-S. — Archiv für mikroskop. Anatomie. Bonn, ann. 1872, t. VIII, p. 652.

[Analyse in BERTKAU, P. — Bericht über Entomol., Berlin, ann. 1873-1874, p. 49 (301)].

ENELL, Henrik.— *Fosforescensen hos Lysmasken*, in Entomologisk Tidskrift, Stockholm, ann. 1881, t. I, 2e cah., p. 101. [Phosphorescence du *Lampyris noctiluca*, L., — écrit en langue suédoise]. [Résumé in même Bull. : *Sur la phosphorescence du Ver luisant* (*Lampyris noctiluca*, L.), p. 117].

ERICHSON, Wilhelm-Ferdinand. — *Of Pyrophorus from Cuba*, in WIEGMANN, A.-F.-A. — Archiv für Naturgesch., Berlin, ann. 1841, t. VII, p. 87.

ERICHSON, Wilhelm-Ferdinand. — *Zur systematischen Kenntniss der Insectenlarven*, in WIEGMANN, A.-F.-A. — Archiv für Naturgesch., Berlin, ann. 1841, t. VII, p. 90. [Généralités sur les larves de Lampyrides].

EVANS, W.-T. — *Note sur la phosphorescence du Fulgora laternaria*, L., in Transact. of the entomol. Soc. of London, ann. 1865, proceed., p. CII. [Observat. personnelle de la phosphorescence de cet Hémiptère].

F

FAILLE, Johann-Marcus-Baart DE LA. — *De animalibus phosphorescentibus*. Dissert. inaugur., Groningue, Bolt, 1821. [Observat. sur des Insectes phosphorescents].

Fairmaire, Léon. — *Notice sur les Coléoptères récoltés par* J. Lédérer *sur le Bosz-Dagh (Asie-Mineure)*, in Annal. de la Soc. entomol. de France, Paris, ann. 1866, p. 262. [Description de la larve du *Lampyris maculicollis*, Fairm.].

Fennell, James. — *Localities near London in which the Glow-Worm has occurred, the Larva differs from the perfect Insect, the Eggs are luminous*, in Magaz. of Nat. Hist., Londres, ann. 1835, p. 625. [*Lampyris noctiluca*, L.].

Ferchault de Réaumur, René-Antoine. — Voir Réaumur.

[F]ermin, Philippe. — *Histoire naturelle de la Hollande équinoxiale, ou Description des animaux, plantes, fruits, et autres curiosités naturelles, qui se trouvent dans la colonie de Surinam*. Amsterdam, Magérus, 1765. [Cet auteur prétend que le prolongement céphalique du *Fulgora laternaria*, L. est phosphorescent, p. 136].

Forster, Johann-Georg-Adam. — *Ein Versuch mit dephlogistisirter Luft über das Leuchten von Lampyris splendidula*, L. (en collaboration avec S.-T. von Soemmerring), in Gotting. Magaz. der Wissenschaft. und Litteratur, Gottingue, ann. 1783, part. 2, p. 281. [*Lamprohiza splendidula*, L.].

[Extrait in Journ. de Physique, Paris, ann. 1783, t. XXIII, p. 24; in Opuscoli scelti, ann. 1783, t. VI, p. 419; et in Fuessly, J.-C. — Neues Magaz. für die Liebh. der Entomol., Zurich et Winterthur, ann. 1784, t. II, p. 103].

Fougeroux de Bondaroy, Auguste-Denis. — Voir Bondaroy.

Foulques de Villaret. — Voir Villaret.

Fry, Alexander. — *Note sur la phosphorescence des Aspidosoma*, in Transact. of the entomol. Soc. of London, ann. 1865, proceed., p. ci. [Coléoptères de la tribu des Lampyrides].

G

Gadeau de Kerville, Henri. — *Les Insectes phosphorescents*. Rouen, Léon Deshays, 1881, av. 1 pl. chromolithographiées. [Ouvrage de vulgarisation].

Gandolphe, Paul. — Voir Tromelin.

Geer, Carl de. — Voir Degeer.

George, H. jun. — *Note sur la phosphorescence du Goërius olens*, Müller, in Transact. of the entomol. Soc. of London, ann. 1851, proceed., p. cxvii. [*Staphylinus olens*, Müller, Coléoptère de la famille des Staphylinides. — Cet Insecte devait sans doute son apparence lumineuse à un corps phosphorescent quelconque qui adhérait à lui].

Gernez. — Voir Pasteur.

Gimmerthal, Benjamin-August. — *Observations sur la métamorphose de quelques Diptères de la famille des Muscides, et sur la phosphorescence d'une Chenille de Noctuelle* (*Noctua occulta*, L.), in Bull. de la Soc. impér. des Natural. de Moscou, ann. 1829, t. I, p. 136. [*Agrotis occulta*, L., Lépidoptère de la famille des Agrotides].

[Extrait in Férussac, A. de. — Bull. univers. des Scienc. natur. et de Géologie, Paris, ann. 1831, t. XXVII, p. 101; et cité par Alexandre Lefebvre, in Annal. de la Soc. entomol. de France, Paris, ann. 1832, p. 124].

Girard, Maurice. — *Etudes sur la chaleur libre dégagée par les animaux invertébrés et spécialement les Insectes*, av. 2 pl. Paris, V. Masson et fils, 1869. [Thèse pour obtenir le grade de Docteur ès-sciences naturelles]. [Observat. sur la chaleur d'un Ver luisant, p. 9; et sur la chaleur du *Lampyris noctiluca*, L. et du *Luciola italica*, L., p. 127].

Girard, Maurice. — *Les Taupins lumineux*, in La Nature, Paris, ann. 1873, (nº du 1er novembre 1873), p. 337, av. fig. [Pyrophores et Photophores].

Girard, Maurice.—*Les Insectes. Traité élémentaire d'Entomologie*. Paris, J.-B. Baillière et fils, 3 tom. (4 vol.), av. de nombr. pl., 1873-1885. — T. I. (1873), *Pyrophorus* et *Photophorus*, p. 510 et 512; *Lampyris, Lamprohiza, Phosphaenus, Cratomorphus, Amydetes* et *Luciola*, p. 522-530; *Cratomorphus splendidus*, Drury, ♀, pl. XXXV, fig. 7, 7 a, 7 b, 7 c et 7 d; *Amythetes* (antennes), pl. XXXV, fig. 8. — T. III, 2e fasc. (1885), *Fulgora* et *Hotinus*, p. 857 et 858; *Hotinus Lathburi*, Kirby, pl. CII, fig. 2.

Glover, Townsend. — Voir Townsend.

Gorham, Henry-S. — *Notes on the structure of Lampyridae*, in The Entom. monthl. Magaz., ann. 1880, t. XVI, p. 261.

Gorham, Henry-S. — *Structure of the Lampyridae with reference to their phosphorescence*, in Transact. of the entomol. Soc. of London, ann. 1880, p. 63. [Discussion, proceed., ann. 1880, p. VI].

GOSSE, Philip-Henry. — *On the Insects of Jamaïca*, in Ann. and Magaz. of Nat. Hist., Londres, ann. 1848, p. 200. [*Phosphorescence du Pyrophorus noctilucus*, L.].

[Analyse in SCHAUM, H.-R. — Bericht über Entomol., Berlin, ann. 1848, p. 40].

GOSSE, Philip-Henry. — *Note sur le Lampyris noctiluca*, L., in The Entomologist, Londres, ann. 1880, p. 20.

GOUNELLE, Emile. — *Note sur la biologie du Fulgora laternaria*, L., in Annal. de la Soc. entomol. de France, Paris, ann. 1886, bull. des séanc., p. C. [L'auteur n'a pas constaté la phosphorescence de cet Hémiptère].

GOUREAU. — *Note sur l'Aspisoma candellaria*, Reiche, in Annal. de la Soc. entomol. de France, Paris, ann. 1845, p. 345, et pl. VII (II, fig. 1-6). [Description de la larve de ce Lampyride, etc.].

GREENWOOD PENNY, R. — *Glow-Worms v. Snails*, in Nature, Londres et New-York, 1879, t. XX, (n° du 3 juillet 1879), p. 220. [*Lampyris noctiluca*, L.].

GREW, Nehemiah. — *Museum regalis societatis : or a catalogue and description of the natural and artificial rarities belonging to the Royal Society and preserved at Gresham College*. Londres, Malthus, 1681, p. 158. [Note sur le *Fulgora laternaria*, L., dont le prolongement céphalique, d'après Grew, est phosphorescent. — Cet ouvrage renferme le premier dessin que l'on possède du *Fulgora laternaria*, L., désigné par Grew sous le nom de *Cucujus peruvianus*. Ce dessin a été fait d'après un exemplaire desséché].

Gronov, Lorenz-Theodor. — *Zoophylacium Gronovianum*. Lugduni Batavorum, Haak, 2e fasc. (1771), p. 152, no 474. [Observat. sur des Insectes phosphorescents].

Grotthuss. — *Observations sur la phosphorescence du Lampyris italica*, L., in Annal. général. des Scienc. physiques, Bruxelles, ann. 1821, t. VIII, p. 31. [*Luciola italica*, L.].

Guéneau de Montbeillard, Philibert. — *Mémoire sur la Lampire ou Ver luisant*, in Nouv. Mém. de l'Acad. de Dijon, 2me sem. 1782, p. 80. [*Lampyris noctiluca*, L.].

[Extrait in Beckmann, J. — Physikalisch-oekonomische Biblioth., etc., Gottingue, t. XIV, p. 265].

Guenther, Johann. — *Von allerhand Insecten*, in Breslauer Natur- und Kunstgeschichte, ann. 1721, versuch 30, p. 403. [Lampyres].

Guilding, Landsdown. — *Notes on luminous Insects, chiefly of the West-Indies, on luminous Meteors, on Ignes fatui*, etc., in Magaz. of Nat. Hist., Londres, ann. 1834, p. 579. [Observat. sur des Insectes phosphorescents].

H

Haase. — *Zur Biologie der Kafergattung Phengodes*, in Sitzungsberichte der naturwissenschaftl. Gesellsch. Isis in Dresden, ann. 1885, p. 10.

[Analyse in Bertkau, P. — Bericht über Entomol., Berlin, ann. 1885, p. 234].

HAGEN, Hermann-August. — *Aelteste Nachricht über das Leuchten der Fulgora laternaria*, L., in Stettiner entomol. Zeit., ann. 1853, t. XIV, p. 55. [Notice historique].

HAGEN, Hermann-August. — *On the Luminosity of Fulgora laternaria*, L., in The Entomol. monthl. Magaz., Londres, ann. 1865, t. I, p. 250. [Notice historique].
[Analyse in GERSTAECKER, C.-E.-A. — Bericht über Entomol., Berlin, ann. 1865-1866, 2ᵉ cah., p. 144].

HAGEN, Hermann-August. — *Notes on the Ephemeridae*, compiled (with remarks) by A.-E. EATON, in Transact. of the entomol. Soc. of London, ann. 1873, p. 399. [*Caenis dimidiata*, Steph., ♂, lumineux? (Orthoptère pseudo-Neuroptère de la famille des Ephémérides)].

HAMLET. — Voir CLARK.

HANCOCK John. — *Note upon the Luminosity of Fulgora laternaria*, L., in Transact. of the entomol. Soc. of London, ann. 1831, t. I, proceed., p. XXXII; in Proceed. of the zoolog. Soc. of London, ann. 1831, t. II, p. 19; in L'Institut, Paris, ann. 1831, p. 366; in FRORIEP, L.-F. VON. — Notizen aus dem Gebiete der Natur- und Heilkunde, Weimar, ann. 1831, t. XLI, p. 341; et cité par Alexandre LEFEBVRE, in Annal. de la Soc. entomol. de France, Paris, ann. 1834, bull. des séanc., p. LXIII. [Hancock nie la propriété phosphorescente de cet Hémiptère].

HARTING, Pieter. — *Skizzen aus der Natur*. Aus dem hollandischen übersetzt von J.-E.-A. MARTIN, Leipzig, W. Engelmann, 2 vol., 1854 et 1857, t. I (1854), p. 59. [Observat. sur des Insectes phosphorescents].

Heinemann, Carl. — *Untersuchungen über die Leuchtorgane der bei Vera-Cruz vorkommenden Leuchtkafer* (*Pyrophorus sp.*), in Schultze, M.-S. — Archiv für mikroskop. Anatomie, Bonn, ann. 1872, t. VIII, p. 161; et in La Naturaleza, Periodico cientif. de la Soc. mexicana de Hist. natur., Mexico, t. III (ann. 1874-1876), p. 10 et 51.

[Analyse in Bertkau, P. — Bericht über Entomol., Berlin, ann. 1873-1874, p. 17 (299)].

Heinemann, Carl. — *Aschenanalyse von 186 Bauchleuchtorganen der bei Vera-Cruz vorkommenden Leuchtkafer* (*Pyrophorus sp.*), in Pflüger, E.-F.-W. — Archiv für die gesammte Physiologie des Menschen und der Thiere, Bonn, 8e ann. (1874), p. 365; et in La Naturaleza, Periodico cientif. de la Soc. mexicana de Hist. natur., Mexico, t. III (ann. 1874-1876), p. 97.

Heinrich.—*Die Phosphorescenz der Korper*. 3me Abhandl., Nuremberg, 1815, p. 375. [Observations sur le *Lampyris noctiluca*. L.].

Helbig. — *Merkwürdige Beobachtungen vom Johanniswürmchen* (*Lampyris noctiluca*, L.), in Voigt, J.-H. —Magaz. für den neuest. Zustand der Naturkunde, etc., Weimar, ann. 1805, t. IX, p. 166.

Henderson, George.—*Note on the Glow-Worm*, in Transact. of the Berwickshire Natural. Club, Berwick, ann. 1843, t. II, p. 98. [*Lampyris noctiluca*, L.].

Henning, Johann-Friedrich. — *Von einigen Insectis oder Ungeziefer*. — II. *Von den Cicindelis oder Johannis-*

Würmlein, in Breslauer Natur- und Kunstgeschichte, ann. 1724, versuch 30, p. 515. [*Lampyris noctiluca*, L.].

HENSLOW, George. — *Frogs and Glow-Flies*, in Nature, Londres et New-York, 1879, t. XX, (n° du 3 juillet 1879), p. 220. [Lampyrides].

HERMANAS, DE DOS. — *Sur les Cocuyos de Cuba*, in Compt. rend. hebd. des séanc. de l'Acad. des Scienc., Paris, ann. 1873, t. LXXVII, (séance du 4 août 1873), p. 333. [*Pyrophorus noctilucus*, L.].

HERMBSTAEDT, Siegmund-Friedrich. — *Bemerkungen über das Leuchten organischer Korper im Leben und nach dem Tode derselben*, in Magaz. der Gesellsch. der Naturforsch. Freunde zu Berlin, ann. 1808, t. II, p. 218. [Observat. sur les Lampyres].

HEWARD, Robert. — *Memorandum on the Fire-Flies of Jamaïca*, in The Entomologist, Londres, ann. 1841, p. 12. [Différence dans l'émission de la lumière chez les Pyrophores et les Lampyres].

HOEVEN, Jan VAN DER. — *Eenige Woorden over het Lichten van den zuid-amerikaanschen Springkever*, in Album der Natuur, Haarlem, ann. 1855, aflev. 7. p. 205. [*Pyrophorus*].

HÖFFMANSEGG, Johann-Centurius VON. — *Ueber das Leuchten von Fulgora*, in Magaz. der Gesellsch. der Naturforsch. Freunde zu Berlin, ann. 1807. t. I, p. 152. [Hoffmansegg nie la propriété phosphorescente de cet Hémiptère]. [Extrait in? Philosoph. Transact. of the roy. Soc. of

London, ann. 1807, p. 52: et in Isis, Encyklop. Zeitschr., Leipzig, ann. 1818, t. IX, p. 1453].

HUDSON, G.-V. — *A luminous Insect-Larva in New-Zealand*, in The Entomol. monthl. Magaz., Londres, ann. 1886, t. XXIII, p. 99. [Larves d'un Diptère appartenant très-probablement à la famille des Mycétophilides]. [Voir OSTEN-SACKEN].

HULME, Nathaniel. — *Experiments and Observations on the Light which is spontaneously emitted, with some Degree of Permanency, from various Bodies*, in Philosoph. Transact. of the roy. Soc. of London, ann. 1800, p. 161. [Expériences sur la phosphorescence du *Lampyris noctiluca*. L.].

HULME, Nathaniel. — *A Continuation of the Experiments and Observations on the Light which is spontaneously emitted from various Bodies, with some Experiments and Observations on solar Light when imbibed by Canton's Phosphorus*, in Philosoph. Transact. of the roy. Soc. of London, ann. 1801, p. 403. [Expériences sur la phosphorescence du *Lampyris noctiluca*, L.].

HUMBOLDT, Friedrich-Heinrich-Alexander VON, et BONPLAND, Aimé. — *Voyage au Nouveau-Continent*, t. III, 1814, p. 482. [Observat. sur les Pyrophores].

HUMBOLDT, Friedrich-Heinrich-Alexander VON. — *Relation historique*, t. I, 1814, p. 79 et 533. [Observat. sur les Pyrophores].

HUMBOLDT, Friedrich-Heinrich-Alexander VON. — *Tableaux de la Nature*, Paris, Gide fils et Baudry, 2 vol., 1850 et 1851, t. II (1851), p. 69. [Observat. sur les Pyrophores].

I

Illiger, Johann-Carl-Wilhelm. — *Magazin für Insectenkunde.* Brunswick, Vieweg., 6 vol., 1802-1807. [Lampyrides, t. IV (1805), p. 195].

Illiger, Johann-Carl-Wilhelm.—*Monographie der Elateren mit leuchtenden Flecken auf dem Halsschilde*, in Magaz. der Gesellsch. der Naturforsch. Freunde zu Berlin, ann. 1807, t. I, p. 141. [Observat. sur les Pyrophores].

[Analyse in Isis, Encyklop. Zeitschr., Leipzig, ann. 1818, t. IX, p. 1453].

Imhoff, Ludwig. — *Versuch einer Einführung in das Studium der Coleopteren*, Bâle, Bahnmaier, 2 vol. av. pl., 1856. [Renseign. peu nombreux sur des Insectes phosphorescents].

J

Jenner, J.-H.A. — *Reappearance of Phosphaenus hemipterus*, Geoffr. *at Lewes* (Angleterre), in The Entomologist, Londres, ann. 1883, p. 216; et in The Entomol. monthl. Magaz., Londres, ann. 1883, t. XX, p. 40. [Phosphorescence et mœurs de ce Lampyride].

Jennings, James. — Voir Dale.

Joseph, Gustav. — *Beobachtungen über das Leuchten der Johanniskafer*, in Breslauer Zeitschr. für Entomol., ann. 1854, t. VIII, p. 1. [*Lampyris noctiluca*, L.].

JOUSSET DE BELLESME. — *Observation sur la phosphorescence des Œufs du Lampyre commun*, in Compt. rend. hebd. des séanc. de l'Acad. des Scienc., Paris, ann. 1871, t. LXXIII, (séance du 4 septembre 1871), p. 629. [*Lampyris noctiluca*, L.].

JOUSSET DE BELLESME. — *Recherches expérimentales sur la phosphorescence du Lampyre*, in ROBIN, Charles, et POUCHET, Georges. — Journ. de l'Anat. et de la Physiol., Paris, ann. 1880, t. XVI, p. 121 ; et in Compt. rend. hebd. des séanc. de l'Acad. des Scienc., Paris, ann. 1880, t. XC, (séance du 16 février 1880), p. 318. [*Lampyris noctiluca*, L.].

[Extrait in Ann. and Magaz. of Nat. Hist., Londres, ann. 1880, p. 315 ; in The Entomol. monthl. Magaz., Londres, ann. 1880, t. XVI, p. 244 ; et in Kosmos, Zeitschr. für einheitl. Weltanschauung auf Grund der Entwicklungslehre, etc., Leipzig, ann. 1880, t. VII, p. 476].

[Analyse in CARUS, J.-V. — Zoologisch. Jahresbericht der zoologisch. Station zu Neapel, Arthropoda, Leipzig, ann. 1880, p. 114 ; et in BERTKAU, P. — Bericht über Entomol., Berlin, ann. 1880, p. 195].

K

KAFFER. — Voir SPINOLA.

KAISER, Wilhelm. — *Ueber das Leuchten von Lampyris splendidula*, L., in Anzeig. der kais. Akad. der Wissenschaft. mathemat.-naturwissenschaftl. Classe, Vienne, 3 juillet 1881, p. 133; et in Annal. and Magaz. of Nat. Hist. [*On the Luminosity of the Glow-Worm* (*Lam-*

pyris splendidula, L.)], Londres, ann. 1884, p. 372. [*Lamprohiza splendidula*, L.].

KAWALL, H. — *Miscellanea entomologica.* — *Bemerkungen über die Larve von Phosphaenus hemipterus*, Geoffr., in Stettiner entomol. Zeit., ann. 1867, t. XXVIII, p. 124.

KERVILLE, Henri GADEAU DE. — Voir GADEAU.

KING, Helen-Selina. — *Life-History of Pleotomus pallens*, Le Conte, in Psyche, Journ. of Entomol., published by the Cambridge entomol. Club, Cambridge (États-Unis), t. III, 1880, p. 51. [Métamorphoses, biologie et phosphorescence de ce Lampyride].

KING, V.-O. — *Phosphorescent Insects; their metamorphoses*, in The americ. Naturalist, Philadelphie, ann. 1878, t. XII, n° 6, p. 351.

KING, V.-O. — *The Fire-Flies and their phosphorescent phenomena*, in The americ. Naturalist, Philadelphie, ann. 1878, t. XII, n° 10, p. 662.

KIRBY, William, et SPENCE, William. — *An Introduction to Entomology, or Elements of the natural History of Insects.* Londres, Longman, Green, Longman, and Roberts, 7me édit., 1860, p. 503. (Letter XXV — *On luminous Insects*). [Nombreux renseign. sur les Insectes phosphorescents].

KIRCHER, Athanasius. — ? *Beobachtungen über das Johanniskafer*, 1640. [*Lampyris noctiluca*, L.].

KOELLIKER, Albert. — *Ueber die Leuchtorgane von Lampyris*, in Verhandl. der physik.-mediz. Gesellsch. in Würzburg, ann. 1857, t. VIII, 2me cah., p. 217.

[Extrait in Bericht. Verhandl. der Akad. der Wissenschaft. zu Berlin, ann. 1857, p. 392: in L'Institut, Paris, ann. 1857, t. XXV, nº 1251, p. 436; et in The quarterly Journ. of microscopic. Science, Londres, ann. 1858, t. VI, p. 166].

Koelliker, Albert. — *Ueber die Leuchtorgane der amerikanischer Pyrophorus-Arten*, in Verhandl. der physik.-mediz. Gesellsch. in Würzburg, ann. 1859, t. IX, sitzungsberichte, p. 28.

L

Laboulbène, Alexandre. — *Note sur la phosphorescence des Larves et des Nymphes du genre Lampyris*, in Annal. de la Soc. entomol. de France, Paris, ann. 1863, p. 170.

Laboulbène, Alexandre. — *Note sur le Ver luisant* (*Lampyris noctiluca*, L.), in Annal. de la Soc. entomol. de France, Paris, ann. 1882, p. 316. [Cet auteur dit que le *Lampyris noctiluca*, L. est lumineux à l'état d'œuf, de larve, de nymphe et d'insecte parfait (♂ et ♀)].

Laboulbène, Alexandre. — Voir Tromelin.

Laboulbène, Alexandre, et Robin, Charles. — *Sur les Organes phosphorescents thoraciques et abdominal du Cocuyo de Cuba* (*Pyrophorus noctilucus*, L.), in Compt. rend. hebd. des séanc. de l'Acad. des Scienc., Paris, ann. 1873, t. LXXVII, (séance du 25 août 1873), p. 511.

Laboulbène, Alexandre, et Robin, Charles. — *Observations sur les Organes lumineux du Pyrophorus noctilucus*,

L., in Annal. de la Soc. entomol. de France, Paris, ann. 1873, p. 529.

Lacaze-Duthiers, Félix-Joseph-Henri de. — *Recherches sur l'armure génitale femelle des Insectes*, in Ann. des Scienc. natur., Zoologie, Paris, ann. 1849, t. XII, p. 353, et 1 pl.; ann. 1850, t. XIV, p. 17, et 3 pl. (Hyménoptères); ann. 1852, t. XVII, p. 206, et 3 pl. (Orthoptères); ann. 1852, t. XVIII, p. 337, et 3 pl. (Hémiptères); ann. 1853, t. XIX, p. 25 et 203, et 1 pl. (Neuroptères, Thysanoures, Coléoptères, Diptères, Lépidoptères, Aphaniptères, Généralités). [Armure génitale d'Insectes phosphorescents].

Lacordaire, Jean-Théodore. — *Mémoire sur les habitudes des Coléoptères de l'Amérique méridionale*, in Annal. des Scienc. natur., Paris, ann. 1830, t. XX, p. 185 et 240, et t. XXI, p. 149. [Observat. sur les Pyrophores et les Lampyrides].

Lacordaire, Jean-Théodore. — *Notice sur l'Entomologie de la Guyane française*, in Annal. de la Soc. entomol. de France, Paris, ann. 1832, p. 359. [Pyrophores].

Lacordaire, Jean-Théodore. — *Essai sur les Coléoptères de la Guyane française*, in Nouv. Annal. du Muséum d'Hist. natur., Paris, ann. 1833, t. II, p. 35, 66 et 67. [Observat. très-sommaires sur les Pyrophores et les Lampyrides].

Lacordaire, Jean-Théodore. — *Observations sur la faculté phosphorescente des Fulgores*, in Annal. de la Soc. entomol. de France, Paris, ann. 1834, bull. des séanc., p. LXIII.

Lacordaire, Jean-Théodore. — *Introduction à l'Entomologie.* Paris, Roret, 2 vol., 1834 et 1838, t. II (1838), p. 140. [Généralités sur la phosphorescence des Insectes].

Lamarck, Jean-Baptiste-Pierre-Antoine de Monet de. — *Sur deux nouveaux genres d'Insectes de la Nouvelle-Hollande (Chiroscelis bifenestrata, Lam. et Panops Baudini, Lam.)*, in Annal. du Muséum d'Hist. natur., Paris, ann. 1804, t. II, p. 260, avec fig. [*Chiroscelis bifenestrata*, Lam., Coléoptère de la famille des Ténébrionides. — *Panops Baudini*, Lam., Diptère de la tribu des Asiliens].

Laporte, F.-L. de (comte de Castelnau).—*Histoire naturelle des Insectes Coléoptères, avec une Introduction renfermant l'anatomie et la physiologie des animaux articulés*, par Brullé, Auguste. Paris, Duménil, t. I, 1840, Introd., p. xliii. [Généralités sur la phosphorescence des Insectes].

Lartigue, Henri. — *Note sur la phosphorescence de l'Aspidosomus hesperus*, Fabr., in Annal. de la Soc. entomol. de France, Paris, ann. 1874, bullet. des séanc., p. clxi. [Coléoptère de la tribu des Lampyrides].

Latreille, Pierre-André.— *Voyage de de Humboldt. Recueil d'observations de zoologie et d'anatomie comparée, faites dans un voyage aux Tropiques, dans les années 1799-1804.* Paris, Schoell, 2 vol., 1811-1832. — Insectes, t. I (1811), p. 127, et pl. XV-XXV; et t. II (1832), p. 9. [Observat. sur des Insectes phosphorescents].

Latreille, Pierre-André. — *Description de la Larve du Lampyris splendidula*, L., in Cuvier, Georges. — Le Règne animal. Paris, Deterville, 1re édit., 1817, t. III. [*Lamprohiza splendidula*, L.].

Latreille, Pierre-André. — *Sur la phosphorescence de la tache ocellée qui existe sur chacune des élytres d'un Bupreste de l'Inde* (*Buprestis ocellata*, Fabr.). in Cuvier, Georges.—Le Règne animal, Paris, Deterville, 2me édit., 1829, t. IV, p. 447. [*Chrysochroa ocellata*, Fabr., Coléoptère de la famille des Buprestides].

Le Conte, John-L. — *On lightning Bugs* (*Lampyridae*), in Proceed. of the americ. Associat. for the Advancem. of Science, ann. 1880, p. 650; et in The canad. Entomol., Montréal, ann. 1880, t. XII, p. 174.

Lefebvre, Alexandre. — Voir Gimmerthal.

Lefebvre, Alexandre. — Voir Hancock.

Lewis, George. — Voir Eaton.

Leydig, Franz. — *Lehrbuch der Histologie des Menschen und der Thiere*. Francfort, Meidinger, 1857, p. 343, fig. 183. [Structure des organes phosphorescents des Lampyrides].

Lindemann, Carl. — *Anatomische Untersuchungen über die Struktur des Leuchtorganes von Lampyris splendidula*, L., in Bull. de la Soc. impér. des Natural. de Moscou, ann. 1863, t. XXXVI, 2me part., p. 437, et pl. VII. [*Lamprohiza splendidula*, L.].

[Analyse in Gerstaecker, C.-E.-A. — Bericht über Entomol., Berlin, ann. 1863-1864, p. 59].

LINDEN. — Voir WESMAEL.

LINNÉ, Carl VON. — *Lyckte-Masken fran China* (*Fulgora candelaria*, L.), in Svenska Vetensk. Acad. Handl., Stockholm, ann. 1746, t. VII, p. 60; in Deutsche Uebers., ann. 1752, t. VIII, p. 61, av. fig.; et in Latein. Uebers., in Analecta transalpina, t. I, p. 175. [*Hotinus candelarius*, L.]. [Voir DEGEER].

[Cité in FUESSLY, J.-C.—Neues Magaz. für die Liebh. der Entomol., Zurich et Winterthur, ann. 1785, t. II, p. 23].

LINNÉ, Carl VON. — *Miracula Insectorum*. Resp. Gabr. Eman. Avelin. 11 novembre 1752. Upsal, Hoyer. [? Observat. sur quelques Insectes phosphorescents].

LOCHE, François MOUXY DE. — *Observations diverses sur les Insectes : III Lampyris italicus*, L., etc. in Mém. de l'Acad. roy. des Scienc., Turin, ann. 1801, t. XI, p. 127. [*Luciola italica*, L.].

LORIQUET, Ch. — *Sur un Insecte phosphorescent*. [Sans lieu ni date].

LUCE. — *Description d'un Insecte phosphorique qu'on rencontre dans une partie du district de Grasse, département du Var*. (*Scarabaeus phosphoricus*), in Nouv. Journ. de Physique, Paris, an II (1794), t. I (44), p. 300. [*Luciola italica*, L.? ou *L. lusitanica*, Charp.?].

M

MACAIRE, Isaac-François.—*Sur la phosphorescence des Lampyres*, in Biblioth. univers. des Scienc., Belles-Lettres et Arts, Genève, ann. 1821; in Journ. de Physique,

Paris, ann. 1821, t. XCIII, p. 46; in Annal. de Chimie et de Physique, Paris, ann. 1821, t. XVII, p. 251; in FRORIEP, L.-F. VON. — Notizen aus dem Gebiete der Natur- und Heilkunde, Weimar, ann. 1821, t. I, p. 33; in Giorn. di Fisica, Chimica e Storia naturale, etc., Pavie, ann. 1821, p. 321; et in GILBERT, L.-W. — Annal. der Physik, ann. 1822, t. LXX, p. 265.

MACARTNEY, James. — *Observations upon luminous Animals*, in Philosoph. Transact. of the roy. Soc. of London, ann. 1810, t. C, p. 258 et 277, et pl. XV, fig. 13-16 (*Lampyris*), fig. 17-19 (*Pyrophorus*); et in GILBERT, L.-W. — Annal. der Physik, ann. 1819, t. LXI, p. 1 et 113, av. 2 pl. (Notes de TILESIUS).

[Extrait in The philosoph. Magaz., Londres, ann. 1811, t. XXXVII, p. 21 et 93, av. 2 pl.; et in Abstracts of the papers printed in the Philosoph. Transact. from 1800-1830, Londres, 1832, t. I, p. 379. [Observat. sur des Insectes phosphorescents].

MAC LACHLAN, Robert. — *Glow-Worms v. Snails*, in Nature, Londres et New-York, 1879, t. XX, (n° du 3 juillet 1879), p. 219. [*Lampyris noctiluca*, L.].

MAC LACHLAN, Robert. — Voir CLARK.

MAC LAURIN, Wm. — *The Glow-Worm in Scotland*, in Nature, Londres et New-York, 1876, t. XIII, (n° du 13 janvier 1876), p. 208, [*Lampyris noctiluca*, L.].

MAILLE, Arsène. — *Note sur les habitudes naturelles des Larves de Lampyres*, in Annal. des Scienc. natur., Paris, ann. 1826, t. VII, p. 353.

[Extrait in Nouv. Bull. de la Soc. philomat., Paris, ann. 1826, p. 26; in FÉRUSSAC, A. DE.—Bull. univers. des Scienc. natur. et de Géologie, Paris, ann. 1826, t. VIII. p. 296; in FRORIEP, L.-F. VON. — Notizen aus dem Gebiete der Natur- und Heilkunde, Weimar, ann. 1826, t. XIII, p. 321; in SAIGEY, J.-F. et RASPAIL, F.-V. — Annal. des Scienc. d'Observat., Paris, ann. 1829, t. II, p. 299, (par M.M. de Rouen); et in Isis, Encyklop. Zeitschr., Leipzig, ann. 1834, t. VII, p. 850].

MAIN.—*Sur une Tipula oleracea*. L. *lumineuse?* in Magaz. of Nat. Hist., Londres, ann. 1837, p. 549. [Diptère de la famille des Tipulides].

MAIN, James. — Voir DALE.

MAIRAN, Jean-Jacques, DORTOUS DE. — Voir DORTOUS.

MARTIN. — Voir AUSTIN.

MARTIRE D'ANGHIERA, Pietro. — Voir ANGHIERA.

MARTIUS, Carl-Friedrich-Phil. VON. — Voir SPIX.

MATTEUCCI, Carlo. — *On the phosphorescence of the Lampyris italica*, L., (extract from a letter to Dumas), in Annal. and Magaz. of Nat. Hist., Londres, ann. 1843, t. XII, p. 373; in FRORIEP, L.-F. et R. VON. — Neue Notizen aus dem Gebiete der Natur- und Heilkunde, Weimar, ann. 1843, t. XXVII, p. 168; et in Compt. rend. hebd. des séanc. de l'Acad. des Scienc., Paris, ann. 1843, t. XVII, (séance du 14 août 1843), p. 309. [*Luciola italica*, L.].

[Analyse in ERICHSON, W.-F. — Bericht über Entomol., Berlin, ann. 1843, p. 23 (271)].

Matteucci, Carlo. — *Leçons sur les phénomènes physiques des corps vivants.* Paris, V. Masson, 1847, p. 151. [Expériences et Observat. nombreuses sur la phosphorescence du *Luciola italica*, L.].

[Analyse in Schleiden, M.-J. et Froriep, R. von. — Notizen aus dem Gebiete der Natur- und Heilkunde. Weimar, ann. 1847, t. I, p. 135].

Maurer, Felix. — *Vom Lichte der Johanniswürmlein*, in Observat. Curios. Phys., p. 190. [*Lampyris noctiluca*, L.].

Melchior, Johann-Albert. — *De Noctilucis.* Dissert. philosoph. inaugur., Franequerae, 1742. [Observat. sur des Insectes phosphorescents].

Meldola. — *Spectrum of the light of the Glow-Worm*, in Nature, Londres et New-York, 1882, t. XXVI, n° 667. [*Lampyris noctiluca*, L.].

Merian, Maria-Sibylla. — *Dissertation sur la génération et les métamorphoses des Insectes de Surinam.* 1726, p. 49, av. fig. [Phosphorescence du *Fulgora laternaria*, L., observée par l'auteur].

Milne-Edwards, Henri. — *Leçons sur la physiologie et l'anatomie comparée de l'Homme et des animaux.* Paris, Masson, 14 vol., 1857-1881, t. VIII (1863), p. 95. [Renseig. nombreux sur la phosphorescence des Insectes].

Mocquerys, Emile. — *Observations recueillies au Brésil sur quelques Pyrophores et Lampyrides*, in Annal. de la Soc. entomol. de France, Paris, ann. 1844, bull. des séanc., p. lxiii.

MONET DE LAMARCK, Jean-Baptiste-Pierre-Antoine DE. — Voir LAMARCK.

MONTBEILLARD, Philibert GUÉNEAU DE. — Voir GUÉNEAU.

MONTROUZIER. — *Essai sur la faune entomologique de la Nouvelle-Calédonie*, in Annal. de la Soc. entomol. de France, Paris, ann. 1860, p. 229 et 867, av. 1 pl. [Observat. sur des Insectes phosphorescents].

MORREN, Charles-François-Antoine. — *Sulla fosforescenza delle Lampiridi noctiluca*, L. *e splendidula* L., in Atti terza riunione Scienz. ital., Florence, ann. 1841, t. IV, p. 366 : et in Isis, Encyklop. Zeitschr., Leipzig, ann. 1843, t. VI, p. 112. [*Lampyris noctiluca*, L. et *Lamprohiza splendidula*, L.].

MORRIS. — Voir BÉTHUNE.

MOUFET, Thomas. — *Insectorum sive Minimorum Animalium Theatrum*, etc. Londres, T. Cotes, 1634, lib. I, cap. 15. [?Pyrophores].

MOUFFLET, Alfred. — *Note sur la phosphorescence du Fulgora laternaria*, L., in Annal. de la Soc. entomol. de France, Paris, ann. 1865, bull. des séanc., p. LXII. [Moufflet dit avoir observé lui-même la phosphorescence de cet Hémiptère].

MOUXY DE LOCHE, François. — Voir LOCHE.

MUELLER, Philipp-Wilbrand-Jacob. — *Beitraege zur Naturgeschichte des halbdeckigen Leuchtkafers Lampyris hemiptera*, in ILLIGER, J.-C.-W. — Magaz. für Insectenkunde, Brunswick, t. IV (1805), p. 175. [Description de la larve du *Phosphaenus hemipterus*, Geoff., Coléoptère de la tribu des Lampyrides, p. 182].

Mulsant, Etienne. — *Observations sur les Lampyrides*, (avec Eugène Revelière), in Opuscul. entomol., Lyon, 1860, t. XI, p. 113; et in Annal de la Soc. linn. de Lyon, ann. 1861, p. 129. [*Lampyris bicarinata*, Muls.].

Mulsant, Etienne. — *Histoire naturelle des Coléoptères de France.—Mollipennes*, in Ann. de la Soc. linn. de Lyon, ann. 1862, p. 57. Tir. à part, Paris, 1863. [Observat. sur les Lampyrides; description et figuration des larves des *Lampyris Lareyniei*, Jacq. du Val, *L. noctiluca*, L., *Lamprohiza Farinesi*, Villa, et *Phosphaenus hemipterus*, Geoffr.].

Mulsant, Etienne. — *Note sur les habitudes de la Luciola lusitanica*, Charp., in Annal. de la Soc. linn. de Lyon, ann. 1862, p. 593.

Muralto, Johann von. — *De Cicindela* (*Lampyris femina aptera*), in Miscellan. curiosa, sive Ephemer. medico-physic. Acad. Caes. Leopold.-Carolina Natur. Curios., Nuremberg, ann. 1682, décemb. II, ann. I, observat. 67, p. 167.

Murray, Andrew. — *On an undescribed lightgiving Coleopterous Larva* (*provisionally named Astraptor illuminator*), in Journ. of the Proceed. of the linn. Soc. of London, Zoology, ann. 1868, t. VIII, p. 74, et pl. I, fig. 1-7; et in The Entomologist, Londres, ann. 1869, t. IV, p. 281. [Larve de Lampyride?].

Murray, John. — *Experimental Researches on the light and luminous matter of the Glow-Worm, the Luminosity of the sea, the Phenomena of the Chameleon*, etc., Glasgow, M'Phun, 1826. [*Lampyris noctiluca*, L.].

Murray, John. — *On luminous Insects*, in Experimental Researches in natural History, Londres, 1826. (Extr. de l'ouvrage précédent). [*Lampyris noctiluca*, L.].

[Extrait in Froriep, L.-F. von. — Notizen aus dem Gebiete der Natur- und Heilkunde, Weimar, ann. 1827, t. XVI, p. 122; in Heusinger, C.-F. — Zeitschr. für organ. Phys., Eisenach, ann. 1828, t. II, p. 94; et in Magaz. of Nat. Hist., Londres, ann. 1828, p. 155 et 298].

N

Napp, Richard. — *Die argentinische Republik*. Buenos-Aires, 1876. [Coup d'œil sur la faune des Arthropodes de la République argentine, par Weyenbergh, H. (p. 172-186). — Observat. sur des Insectes phosphorescents].

[Analyse in Bertkau, P. — Bericht über Entomol., Berlin, ann. 1877-1878, p. 2 (220)].

Naudin, Charles-Victor. — *Observations sur le Lamprohiza Mulsanti*, Kiesw., ♀, *et sur sa phosphorescence*, in Annal. de la Soc. entomol. de France, Paris, ann. 1869, bull. des séanc., p. xxxv. [Coléoptère de la tribu des Lampyrides].

Newall, Robert-Stirling. — *Snails v. Glow-Worms*, in Nature, Londres et New-York, 1879, t. XX (n^os des

26 juin et 10 juillet 1879), p. 197 et 213. [*Lampyris noctiluca*, L.].

Newman. — *Sur la non-phosphorescence du Fulgora candelaria*, L., in Transact. of the entomol. Soc. of London, ann. 1864, proceed., p. xiv. [*Hotinus candelarius*, L.].

Newman, E. — Voir Walker.

Neuwied, Maximilian von Wied-. — *Reise nach Brasilien*, t. II, 1820, p. 111. [Observat. sur le *Fulgora laternaria*, L.]. [Cet auteur nie la phosphorescence de cet Hémiptère].

Newport, George. — *On the natural History of the Glow-Worm* (*Lampyris noctiluca*, L.); prepared from the author's manuscript by George-Viner Ellis, in Journ. of the Proceed. of the linn. Soc. of London, Zoology, ann. 1856, p. 40.

[Analyse in Gerstaecker, C.-E.-A. — Bericht über Entomol., Berlin, ann. 1857, p. 110].

Nieremberg, Johann-Eusebius.—*Historia Naturae, maxime peregrinae, libris sedecim distincta.* Antwerpiae, Plant, 1635, lib. XIII, cap. 3. [Observat. sur des Insectes phosphorescents].

Nollet, Jean-Antoine.—*Suite des Expériences et des Observations faites en différents endroits de l'Italie*, in Mém. de l'Acad. roy. des Scienc., ann. 1750. Paris, 1751. Mém. de l'Acad., p. 54; Hist. de l'Acad., p. 7. [Observat. sur le *Luciola italica*, L.].

Norwood. — *Observations in Jamaïca*, in Philosoph. Transact. of the roy. Soc. of London, ann. 1668, n° 41, p. 824. (Memoir. of the roy. Soc. of London, t. I, p. 152). [Observat. sur des Insectes phosphorescents].

O

Olivier, Antoine-Guillaume. — *Observations sur le genre Fulgore*, in Choix de mémoir. sur divers objets d Hist. natur., ou Journ. d'Hist. natur., Paris, ann. 1792, t. II, p. 31; et in Meyer. — Zoologisches Archiv, ann. 1796, t. II, p. 30. [Olivier est le premier auteur qui ait mis en doute la propriété phosphorescente de cet Hémiptère].

Olivier, Ernest. — *Lampyrides nouveaux ou peu connus*, in Revue d'Entomol., publiée par la Soc. franç. d'Entomol., Caen, ann. 1883, p. 73 et 326. [Descript. de la larve de la *Luciola australis*, Fabr., p. 331].

Olivier, Ernest. — *Description de la Larve du Lampyroïdea syriaca*, Cost., in Annal. de la Soc. entomol. de France, Paris, ann. 1886, bull. des séanc., p. XXXVIII. [Coléoptère de la tribu des Lampyrides].

Olivier, Ernest. — Voir Tromelin.

Osten-Sacken, Charles-Robert von. — *Entomologische Notizen*, in Stettiner entomol. Zeit., ann. 1861, t. XXII, p. 51. [Caractères de la phosphorescence et mœurs de quelques Lampyrides nord-américains : *Photinus pyralis*, L.; *Phot. scintillans*, Say; et *Photuris pensylvanica*, Degeer].

Osten-Sacken, Charles-Robert von. — *Note sur une Larve lumineuse*, in Proceed. of the entomol. Soc. of Philadelphia, ann. 1862, t. I, p. 125, et pl. I, fig. 8. [Dans le travail suivant, l'auteur considère cette larve comme étant très-probablement celle d'un *Melanactes*, Coléoptère de la famille des Elatérides].

Osten-Sacken, Charles-Robert von. — *Note sur une Larve lumineuse*, in Proceed. of the entomol. Soc. of Philadelphia, ann. 1865, t. IV, p. 8. [Cette larve, suivant l'auteur, est très-probablement celle d'un *Melanactes*, Coléoptère de la famille des Elatérides].

Osten-Sacken, Charles-Robert von. — *Luminous Diptera*, in The Entomol. monthl. Magaz., Londres, ann. 1878, t. XV, p. 43. [Larves lumineuses de *Chironomus*, Diptères de la famille des Chironomides].

Osten-Sacken, Charles-Robert von. — *A luminous Insect-Larva in New-Zealand*, in The Entomol. monthl. Magaz., Londres, ann. 1886, t. XXIII, p. 133. [Larves d'un Diptère appartenant très-probablement à la famille des Mycétophilides]. [Voir Hudson].

Osten-Sacken, Charles-Robert von. — Voir Béthune.

Oviedo y Valdes, Gonçalo-Fernandez de. — *Sumario de la natural y general Istoria de las Indias*. Tolède, 1526. [Observat. sur des Insectes phosphorescents].

Oviedo y Valdes, Gonçalo-Fernandez de. — *Historia general y natural de las Indias Islas y tierra firme del mar Oceano, publicata por la real Academia de la*

Historia, part. I et II. Madrid, 1851 et 1852. (Livr. XIV et XV). [Observat. sur des Insectes phosphorescents].

Owsiannikoff, Philipp. — *Ueber das Leuchten der Larven von Lampyris noctiluca*, L., in Bull. de l'Acad. impér. des Scienc. de Saint-Pétersbourg, ann. 1864, t. VII, p. 55. [Analyse in Gerstaecker, C.-E.-A. — Bericht über Entomol., Berlin, ann. 1863-1864, p. 236].

Owsiannikoff, Philipp. — *Ein Beitrag zur Kenntniss der Leuchtorgane von Lampyris noctiluca*, L., in Bull. de l'Acad. impér. des Scienc. de Saint-Pétersbourg, ann. 1868, t. XII, n° 17, p. 12, av. 1 pl.

P

Palisot de Beauvois, Ambroise-Marie-François-Joseph. — *Insectes recueillis en Afrique et en Amérique, dans les royaumes d'Oware, à Saint-Domingue et dans les Etats-Unis, pendant les années* 1781-1797. Paris, Levrault, 1805-1821, av. de nombr. pl. color. [Observat. sur des Insectes phosphorescents].

Pallas, Peter-Simon. — *Kleine Notizen in den neuen nordischen Beitraegen*. (*Ueber das Leuchten von Lampyris und Culex*). 1782, t. IV, p. 396). [*Culex*, Diptères de la famille des Culicides].

Parfitt, Edward. — *On the phosphorescence of the Glow-Worm*, in The Entomol. monthl. Magaz., Londres, ann. 1880, t. XVII, p. 94. [*Lampyris noctiluca*, L.].

Parzudaki. — Voir Reiche.

Pasteur, Louis et Gernez. — *Sur la lumière phosphorescente des Cucuyos*, in Compt. rend. hebd. des séanc. de l'Acad. des Scienc., Paris, ann. 1864, t. LIX, (séance du 19 septembre 1864), p. 509. [*Pyrophorus noctilucus*, L.]. [Remarques sur cette communication par Emile Blanchard, p. 510].

Penny, R. Greenwood. — Voir Greenwood.

Peragallo, Al.— *Note pour servir à l'Histoire des Lucioles*, in Annal. de la Soc. entomol. de France, Paris, ann. 1862, p. 620. [*Luciola lusitanica*, Charp.]. [Note de Louis Reiche, p. 621].

Peragallo, Al. — *Seconde Note pour servir à l'Histoire des Lucioles*, in Annal. de la Soc. entomol. de France, Paris, ann. 1863, p. 661. [*Luciola lusitanica*, Charp.]. [Cet auteur parle (p. 663) d'un Insecte en tout semblable à un *Staphylinus olens*, Müller de forte taille, qui laissait derrière lui une trace lumineuse. Il admet : « ou qu'il existe à Menton un Staphylin phosphorescent vivant de Lucioles », ce que je ne puis croire, ou que les individus rencontrés par lui et son compagnon de chasse, « se trouvaient enduits de la pâte phosphorescente et très-persistante qui emplit les deux derniers anneaux de l'abdomen des Lucioles qu'ils venaient de manger » ; cette dernière explication me paraît seule admissible].

[Analyse in Gerstaecker, C.-E.-A. — Bericht über Entomol., Berlin, ann. 1863-1864, p. 237].

Peragallo, Al. — Voir Tromelin.

Percheron, Achille-Rémy. — *Note sur trois Insectes lumineux*, in Silbermann, G. — Revue entomol., Strasbourg et Paris, ann. 1835, t. III, p. 76. [Généralités sur des Insectes phosphorescents].

Perkins, G.-A. — *The Cucuyo, or west-indian Fire-Beetle*, in The americ. Naturalist, Salem, ann. 1870, t. III, p. 422. [*Pyrophorus noctilucus*, L.].

Perty, Maximilian. — *Delectus animalium articulatorum, quae in itinere per Brasiliam annis* 1817-1820 *jussu et auspiciis Maximiliani Josephi Bavariae regis augustissimi peracto, collegerunt D*[r] *J.-B. de Spix et D*[r] *C.-F.-Ph. de Martius; digessit, descripsit et pingenda curavit D*[r] *M. Perty*. Munich, auctor, 2 vol., 1830-1834. [Observat. sur des Insectes phosphorescents].

Peters, Wilhelm-Carl-Hartwig. — *Ueber das Leuchten der Lampyris italica*, L., in Muller, J. — Archiv für Anat., Physiol. und wissenschaftl. Medicin, Berlin, ann. 1841, p. 229; in Annal. des Scienc. natur., Zoolog., Paris, ann. 1842, p. 254; in Revue zoolog., par la Soc. cuviérienne, Paris, ann. 1842, t. V, p. 223; in L'Institut, Paris, ann. 1842, t. X, n° 432, p. 127; et in Edinburgh new philosoph. Journ., ann. 1843, t. XXXIV, p. 30. [*Luciola italica*, L.].

[Analyse in Erichson, W.-F. — Bericht über Entomol., Berlin, ann. 1841, p. 28 (216)].

Pfluger, E.-F.-W. — *Die Phosphorescenz der lebendigen Organismen und ihre Bedeutung für die Principien der Respiration*, in Pfluger, E.-F.-W. — Archiv für die gesammte Physiologie des Menschen und der Thiere, Bonn, ann. 1875, t. X, p. 275. [Observat. sur la phosphorescence des Insectes].

Pflüger, E.-F.-W. — *Ueber die Phosphorescenz verwesender Organismen*, in Pflüger, E.-F.-W. — Archiv für die gesammte Physiologie des Menschen und der Thiere, Bonn, ann. 1875, t. XI, p. 222. [Observat. sur la phosphorescence des Insectes].

Phipson, T.-L. — *De la phosphorescence en général et des Insectes phosphoriques en particulier*, in Journ. publié par la Soc. des Scienc. médical. et natur. de Bruxelles, Bruxelles, J.-B. Tircher, 1858, (tirage à part).

Phipson, T.-L. — *Phosphorescence, or the Emission of Light by Minerals, Plants and Animals*. Londres, Reeve et Cie, 1862. [Observat. sur des Insectes phosphorescents].

Phipson, T.-L. — *Sur quelques Insectes phosphorescents*, in Cosmos, Paris, 26 juillet 1865; et in Guérin Méneville, F. — Rev. et Magas. de Zoolog. pure et appliquée, Paris, ann. 1865, p. 251. [Observat. sur le *Lamprohiza splendidula*, L. et sur les Pyrophores].

Pickman Mann, B. — *Notes on luminous Larvae of Elateridae* (*Asaphes memnonius*, Herbst), in Psyche, Journ. of Entomol., published by the Cambridge entomol. Club, Cambridge (Etats-Unis), 1875, t. I, p. 89. [Larves d'Elatérides?].

Plinius Secundus, Caïus. — *Histoire naturelle*. Traduction française. Paris, Desaint, 12 vol., 1771-1782, t. IV (1772), liv. XI, chap. 28, p. 309; t. VI (1773), liv. XVIII, chap. 27, p. 491. [Observat. sur des Lampyrides].

POUJADE, Gustave-Arthur. — *Note sur la biologie du Lampyris noctiluca*, L., ♀, in Annal. de la Soc. entomol. de France, Paris, ann. 1883, bull. des séanc., p. LXXXVII.

PRYER, W.-B. — *Tropical Notes*, in The Entomol. monthl. Magaz., Londres, ann. 1880, t. XVII, p. 241. [Observat. sur des Insectes phosphorescents. — L'auteur nie la propriété phosphorescente des Fulgorides, p. 241].

R

RADZISZEWSKI. — *Ueber die Phosphorescenz der organischen und organisirten Korper*, in Annal. der Chemie, 1880, t. CCIII, p. 305. [Observat. sur la phosphorescence des Insectes].

RAMSDEN. — *Mœurs du Pyrophorus causticus*, Germ., in Transact. of the entomol. Soc. of London, ann. 1880, proceed., p. XXXI.

RAY, John. — *Historia Insectorum; opus posthumum. Cui subjungitur appendix de Scarabaeis britannicis auctore M. Lister*. Londres, Churchill, 1710, p. 81. [Observat. sur le *Lampyris noctiluca*, L.].

RAY, John. — *Philosophical letters between Mr Ray and several of his correspondents*. Londres, 1718 (édit. de Derham). [Observat. sur des Insectes phosphorescents].

RAZOUMOWSKY, Georg VON. — *Histoire naturelle du Jorat et de ses environs, et celle des trois lacs de Neufchâtel, Morat et Bienne*. Lausanne, Mourer, 2 vol., 1789, t. I,

p. 159, (note). [Observat. sur la phosphorescence des Lampyres].

Razoumowsky, Georg von. — *Mémoire sur le Ver-luisant*, in Mémoir. de la Soc. des Scienc. physiq. de Lausanne, ann. 1789, t. II, part. I, p. 240, avec 1 pl. [*Lampyris noctiluca*, L.].

Réaumur, René-Antoine Ferchault de. — *Mémoires pour servir à l'Histoire des Insectes*, 6 vol., av. pl., Paris, imprim. roy., 1734-1742. T. V (1740), p. 192, et pl. XX, fig. 6-9. [Observat. sommaires sur le *Fulgora laternaria*, L.].

Recluz. — *Sur les habitudes du Lampyris noctiluca*, L., in Saigey, J.-F. et Raspail, F.-V. — Annal. des Scienc. d'Observat., Paris, ann. 1829, t. II, p. 299.

Regnard, Paul. — Voir Dubois.

Reiche, Louis. — *Détails sur la crépitation des Brachinus et sur la lueur phosphorescente qui l'accompagne*, in Annal. de la Soc. entomol. de France, Paris, ann. 1849, bull. des séanc., p. lx. [Observat. analogues de Parzudaki et de J.-H. Rouzet sur le même sujet].

Reiche, Louis.—*Note sur quelques Larves de Lampyrides*, in Annal. de la Soc. entomol. de France, Paris, ann. 1863, p. 176. [Observat. sur les larves de diverses espèces de Lampyrides, et descript. de la larve du *Lamprohiza Delarouzeei*, Jacq. du Val].

[Analyse in Gerstaecker, C.-E.-A. — Bericht über Entomol., Berlin, ann. 1863-1864, p. 236].

Reiche, Louis. — Voir Peragallo.

Reinhardt, Johann-T. — *Tvende Jagttagelser af phosphorisk Lysning hos en Fisk og en Insectlarve*, in Vidensk. Meddel. fra d. naturhist. Forening i Kjobenhavn, ann. 1853, p. 60, — tir. à part ; in Transact. of the entomol. Soc. of London, ann. 1854, proceed., p. v ; et in Zeitschr. für die gesammt. Naturwissenschaft., Berlin, ann. 1855, t. V, p. 208. [Larve de Coléoptère lumineuse].

Revelière, Eugène. — Voir Mulsant.

Rey, Claudius. — *Description de la Larve de la Lamprohiza Mulsanti*, Kiesw., in Annal. de la Soc. linn. de Lyon, ann. 1882, p. 143.

Riley, Ch.-V. — Voir Tromelin.

Rivinus, Quir.-Sept.-Flor.—*Dissertatio de noctu lucentibus.* Leipzig, 1673. [Observat. sur des Insectes phosphorescents].

Robert, Eugène. — *Observations diverses relatives à des Insectes des environs de Paris.* (*Lampyris*, etc.), in Annal. des Scienc. natur., Zoolog., Paris, ann. 1842, p. 378.

[Analyse in Erichson, W.-F. — Bericht über Entomol., Berlin, ann. 1842, p. 32 (176)].

Robert, Eugène.—*Sur la phosphorescence du Ver-luisant*, in Compt. rend. hebd. des séanc. de l'Acad. des Scienc., Paris, ann. 1843, t. XVII, p. 627. [*Lampyris noctiluca*, L.].

Robin, Charles. — Voir Laboulbène.

Robineau-Desvoidy, André-Jean-Baptiste. — *Note sur le Thyreophora cynophila*, Panz., in Annal. de la Soc. entomol. de France, Paris, ann. 1841, p. 273. [Diptère de la famille des Muscides].

Robineau-Desvoidy, André-Jean-Baptiste. — *Note sur le genre Thyreophora et sur les trois espèces qui le composent*, in Annal. de la Soc. entomol. de France, Paris, ann. 1849, bull. des séanc., p. v. [Expériences tendant à faire nier la phosphorescence du *Thyreophora cynophile*, Panz., Diptère de la famille des Muscides].

Rochefort, César de. — *Histoire naturelle et morale des Iles Antilles de l'Amérique*. Rotterdam, 1658. [Observat. sur des Insectes phosphorescents].

Rogerson, W. — *On the Glow-Worm*, in The philosoph. Magaz., Londres, ann. 1821, t. LVIII, p. 53; et in Isis, Encyklop. Zeitschr., Leipzig, ann. 1831, cah. V, p. 456. [*Lampyris noctiluca*, L.].

Rouzet, J.-H. — Voir Reiche.

S

Sang, John. — *Luciola italica*, L. *at Darlington* (Angleterre), in The Entomol. monthl. Magaz., Londres, ann. 1885, t. XXII, p. 138.

Saunders. — Voir Clark.

Scaliger, Julius-Caesar. — *Exotericarum exercitationum liber XV de subtilitate ad H. Cardanum.* Paris, 1557, fol. cxciv, nos 1 et 3. [*Lampyris*].

Schioedte, Joergen-Christian. — Voir Smith.

Schmid, Carl-August. — *Versuche über die Insecten. Ein Beitrag zur Verbreitung des nützlichen und wissenswürdigen aus der Insectenkunde.* Gotha, Ettinger, 1803, t. I, p. 245. [*Lampyris noctiluca*, L.].

Schneider, Wilhelm-Gottlieb. — *Ueber seltene Coleoptera.* (Newport. — *Ueber Lampyris*), etc., in Arbeit. der schlesig. Gesellsch. für vaterl. Kultur, Breslau, ann. 1859, p. 1.

Schnetzler, J.-B. — *De la production de la lumière chez les Lampyres*, in Archiv. des Scienc. physiq. et natur., Genève et Paris, ann. 1855, t. XXX, p. 223.

[Analyse in Gerstaecker, C.-E.-A. — Bericht über Entomol., Berlin, ann. 1856, p. 79].

Schultze, Max-Sigismund. — *Ueber den Bau der Leuchtorgane der Mannchen von Lampyris splendidula*, L., in Sitzungsberichte der niederrhein. Gesellsch. für Natur- und Heilkunde zu Bonn, ann. 1864, p. 61. [*Lamprohiza splendidula*, L.].

[Analyse in Gerstaecker, C.-E.-A. — Bericht über Entomol., Berlin, ann. 1863-1864, p. 57].

Schultze, Max-Sigismund. — *Zur Kenntniss der Leuchtorgane von Lampyris splendidula*, L., in Schultze, M.-S. — Archiv für mikroskop. Anatomie, Bonn, ann. 1865, t. I, p. 124, et pl. V et VI. [*Lamprohiza splendidula*, L.].

[Analyse in Gerstaecker, C.-E.-A. — Bericht über Entomol., Berlin, ann. 1865-1866, 1re part., p. 16].

Sells, William. — *Observations upon the natural History of various species of West-India Insects*, in Transact. of the entomol. Soc. of London, ann. 1835, proceed., p. xlv. [Observat. sur le *Pyrophorus noctilucus*, L., etc.].

Severn, H.-A. — *Notes on the indian Glow-Fly*. in Nature, Londres et New-York, 1881, t. XXIV (nº du 23 juin 1881), p. 165. [Lampyride ?].

[Analyse in Mayer, P. — Zoologisch. Jahresbericht der zoologisch. Station zu Neapel, Arthropoda, Leipzig, ann. 1881, p. 128].

Sharp. — *Note sur la phosphorescence de la Luciola lusitanica*, Charp., in The Entomol. monthl. Magaz., Londres, ann. 1880, t. XVII, p. 69.

Shaw, John. — *The Glow-Worm*, in Nature, Londres et New-York, 1876, t. XIII (nº du 6 janvier 1876), p. 188. [*Lampyris noctiluca*, L.].

Shufeldt, Robert-W. — *Notes on various Coleoptera of New-Orleans*, in Proceed. of the United States nation. Museum, Washington, ann. 1884, t. VII, p. 331, av. fig. [Larves lumineuses de *Melanactes?* et d'*Asaphes?*, Coléoptères de la famille des Elatérides, p. 337, av. fig.].

Sigwart, Georg-Friedrich, et Westfeld, Chr.-Friedrich-Gothard. — *Von dem Scheinwurme, Cantharis noctiluca*, L., in Neues hamburg. Magaz., etc., Hambourg, ann. 1768, t. IV, p. 58. [*Lampyris noctiluca*, L.].

SLOANE, Hans. — *A Voyage to the Islands Madera, Barbades, Nieves, Saint-Christophers and Jamaïca*, etc. Londres, auteur, 2 vol. av. nombr. planch., 1707 et 1725; t. II (1725), p. 206. [Observat. sur les Pyrophores].

SMITH, James. — *Sur la phosphorescence du Fulgora candelaria*, L., in Transact. of the entomol. Soc. of London, ann. 1864, proceed., p. XIII. [*Hotinus candelarius*, L.]. [Cet auteur décrit la phosphorescence de cet Hémiptère].

[Analyse in GERSTAECKER, C.-E.-A. — Bericht über Entomol., Berlin, ann. 1863-1864, p. 61].

SMITH, James. — *Larva of Pyrophorus* (?) *from Uruguay*, in Transact. of the entomol. Soc. of London, ann. 1869, proceed., p. XV. [E. CANDÈZE et Joergen-Christian SCHIOEDTE (Proceed. indiqués ci-dessus, p. XVI) considèrent cette larve comme étant celle d'un Elatéride, et pensent l'un et l'autre que l'*Astraptor illuminator*, Murray n'est pas un Pyrophore].

[Analyse in BRAUER, F. — Bericht über entomol., Berlin, ann. 1869, p. 10].

SMITH, James. — *Sur la phosphorescence des Fulgores*, in Transact. of the entomol. Soc. of London, ann. 1871, proceed., p. VII. [Cet auteur croit que les Fulgores sont phosphorescents].

SOEMMERRING, S.-T. VON. — Voir FORSTER.

SORG, Franz-Lothar-August-Wilhelm. — *Disquisitiones physiologicae circa respirationem Insectorum et Vermium*. Rudolstadt, Langbein, 1805, 2e part., p. 35. [Observat. sur la phosphorescence des Lampyres].

Spallanzani, Lazzaro.—*Chimico Essame degli Esperimenti del Sign. Gottling a Iena sopra la luce del fosforo di Kunkel*, etc. Modène, 1796, p. 119. [Observat. sur la *Luciola italica*, L.].

Spence, William. — *On the Luminosity of Fulgora laternaria*, L., in Transact. of the entomol. Soc. of London, ann. 1848, proceed., p. xxxviii.

Spence, William. — Voir Kirby.

Spiller. — Voir Conroy.

Spinola, Maximilian. — *Essai sur les Fulgorelles, sous-tribu des Cicadaires, ordre des Rhyngotes*, in Annal. de la Soc. entomol. de France, Paris, ann. 1839, p. 135, av. 8 pl. col. — Tir. à part, Gênes, 1839, 2 vol., av. 8 pl. col. [Observat. sur la phosphorescence des Fulgorides].

[Extrait in Revue zoolog., par la Soc. cuviérienne, Paris, ann. 1839, t. II, p. 199].

Spinola, Maximilian. — *Sur la phosphorescence du Fulgora laternaria*, L., in Revue zoolog., par la Soc. cuviérienne, Paris, ann. 1844, t. VII, p. 240. [Spinola dit qu'un voyageur, nommé Kaffer, prétend avoir vu un exemplaire phosphorescent de cet Hémiptère].

Spix, Johann-Baptist von, et Martius, Carl-Friedrich-Phil. von. —*Travels in Brazil, in the years* 1817-1820. Londres, Longman, 2 vol., 1824. [Observat. sur des Insectes phosphorescents].

STEDMAN, John-Gabriel. — *Einige Bemerkungen über guianische Insecten*, in ILLIGER, J.-C.-W. — Magaz. für Insectenkunde, Brunswick, t. IV (1805), p. 226. [Cet auteur admet la phosphorescence du *Fulgora laternaria*, L.].

STEINHEIL, E. — *Note sur des individus reliant le Pyrophorus pellucens*, Esch. *au P. clarus*, Germ., *avec des observations sur l'intensité de la lumière de ce dernier*, in HAROLD, E. VON. — Coleopter. Hefte, t. XIV, p. 132.

STILLMAN, W.-J. — *Glow-Worms*, in Nature, Londres et New-York, 1883, t. XXVIII, p. 243. [Rôle de la phosphorescence chez la femelle du *Lamprohiza splendidula*, L.].

STOLLWERCK, F. — *Zoologische Mittheilungen*, in Verhandl. des naturhist. Verein. der preuss. Rheinl. und Westfal., Bonn, 40e ann., 1883, p. 428. [Observat. sur un *Pyrophorus noctilucus*, L. importé en Europe dans du bois de teinture américain, p. 434].

STRICKLAND, Hugh-Edwin. — *On the Luminosity of Glow-Worm's Eggs*, in Magaz. of Nat. Hist., Londres, ann. 1834, p. 252. [Phosphorescence des œufs du *Lampyris noctiluca*, L.].

STRICKLAND, Hugh-Edwin. — Voir DALE.

STUBBES. — *A continuation of the Voyage to Jamaïca*, in Philosoph. Transact. of the roy. Soc. of London, ann. 1667, no 36, p. 699. (Memoir. of the roy. Soc. of London, 2e édit., 1745, p. 131); et in Journ. des Sçavants, 1667. [Observat. sur des Insectes phosphorescents].

STUBBES. — *Enlargement of the Observations in a Voyage to the Caribes*, in Philosoph. Transact. of the roy. Soc. of London, ann. 1668, t. III, nº 36, p. 706. [Observat. sur les Pyrophores].

SWAMMERDAMM, Johann. — *Biblia Naturae*. Leyde, Severin, 2 vol., 1737 et 1738, t. I, p. 283. [Observat. sur le *Lampyris noctiluca*, L.].

SWINTON, A.-H. — *Note sur les habitudes de la Luciola italica*, L., in Proceed. of the entomol. Soc. of London, ann. 1880, p. XXIX.

SWINTON, A.-H. — *Insect Variety : Its Propagation and Distribution*, Londres, Paris et New-York; Cassell, Petter, Galpin et Cie, p. 101. [Liste d'Insectes phosphorescents, accompagnée de renseignements bibliographiques].

T

TARGIONI TOZZETTI, Adolfo. — *Come sia fatto l'organo che fa lume nella Lucciola volante dell'Italia centrale e come sieno composte le fibre muscolari in questo ed altri Insetti ed Artropodi*, in Memor. della Soc. italiana di Scienz. natur., Milan, ann. 1865, t. I, nº 8, p. 28, et 2 pl. — Tir. à part, Milan, 1866. [Descript. des organes phosphorescents de la *Luciola italica*, L., de ceux de la femelle et de la larve du *Lampyris noctiluca*, L., etc.].

TARGIONI TOZZETTI, Adolfo. — *Sull'organo che fa lume nelle Lucciole volanti d'Italia*, in Bull. della Soc. entomol. italiana, Florence, 2e ann. (1870), p. 177; pl. I.

fig. 8, 14 bis, 15, 16; et pl. II, fig. 4, 5 et 8. [*Luciola italica*, L.].

TARGIONI TOZZETTI, Adolfo. — *Note anatomiche intorno agli Insetti*, in Bull. della Soc. entomol. italiana, Florence, 3e ann. (1871), p. 386, et pl. III. [Observat. anatomiques sur la larve du *Lampyris noctiluca*, L., etc.].

TEMPLER, John. — *Some Observations concerning Glow-Worms*, in Philosoph. Transact. of the roy. Soc. of London, ann. 1671, t. VI, no 72, p. 2177; no 78, p. 3035; in BADDAM, B. — Memoir. of the roy. Soc., being a new abridg. of the Philosoph. Transact., from 1665 to 1735 inclus., Londres, 1738, t. I, p. 313 et 335; et in LESKE, N.-G.— Auserl. Abhandl. zur Naturgesch., prakt. Physik und Oekonomie aus den Philosoph. Transact. und Sammlung., Leipzig, 1779, t. I, 1re part., p. 87. [*Lampyris noctiluca*, L.].

THEOBALD. — *Note sur la phosphorescence des Pyrophores*. in Journ. of the asiatic Soc. of Bengal, Calcutta, 1866, p. 73; et in Proceed. of the entomol. Soc. of London, ann. 1866, p. XXVII.

THEODOSIUS, Johannius-Baptistus. — *Medicinales Epistolae*. Bâle, N. Episcopius, 1553. Ep. 50, p. 305. [*De Lampyride*].

THYLESIUS, Antonius. — *De Araneola et Cicindela*, in Liber de coloribus. Bâle, Froben, 1530, p. 536. [*Lampyris*].

THYLESIUS, Antonius. — *De Cicindela*, in Dornavii Amphitheatr., t. I. [*Lampyris*].

TIEDEMANN, Friedrich. — *Physiologie de l'Homme*, traduit de l'allemand par A.-J.-L. JOURDAN, Paris, 2 vol., 1831, t. II, p. 536. [Généralités sur les Insectes phosphorescents. — Tiedemann dit, entre autres (p. 538), que « parmi les Lépidoptères, le *Pyralis minor* a l'abdomen faiblement lumineux, selon Brown » ?]. [Ce *Pyralis minor*, que mentionne Patrick Brown (*Op. cit.*, p. 431), n'est autre qu'un Coléoptère de la tribu des Lampyrides, probablement le *Photuris* (*Lampyris*) *pensylvanica*, Degeer. (Voir Degeer. — *Mém. pour servir à l'Hist. des Insectes*, t. IV (1774), p. 53)].

TILESIUS. — Voir MACARTNEY.

TODD, John-Tweedy. — *An Inquiry respecting the nature of the luminous power of some of the Lampyridae, particularly of Lampyris splendidula*, L., *L. italica*, L. *et L. noctiluca*, L., in The quarterly Journ. of Scienc., Literat. and the Arts of the Roy. Institut., Londres, ann. 1824, t. XVII, p. 269; ann. 1826, t. XXI, n° 42, p. 241. [*Lamprohiza splendidula*, L., *Luciola italica*, L. et *Lampyris noctiluca*, L.].

[Extrait in The zoolog. Journ., Londres, ann. 1824, t. I, p. 274; in FRORIEP, L.-F. VON. — Notizen aus dem Gebiete der Natur- und Heilkunde, Weimar, ann. 1826, t. XV, n° 309, p. 1; et in FÉRUSSAC, A. DE. — Bull. univers. des Scienc. natur. et de Géologie, ann. 1827, t. XII, p. 290].

TOURNIER, H. — Voir TROMELIN.

TOUSSAINT DE CHARPENTIER. — Voir CHARPENTIER.

TOWNSEND GLOVER. — *Report of the Entomologist and Curator of the Museum*. (Rep. of the Comm. of Agriculture for 1873). Washington, 1874, p. 152, fig. 1-10. *Habits and Luminosity of Pyrophorus physoderus*, Germ. (fig. 3), *compare dwith P. noctilucus*, L. (fig. 4) *and Photinus pyralis*, L.

Townsend Glover. — *A luminous Elaterid? Larva*, in Psyche, Journ. of Entomol., published by the Cambridge entomol. Club, Cambridge (Etats-Unis), 1874.

Treffry. — *Sur la non-phosphorescence du Fulgora laternaria*, L., in The Zoologist, Londres, ann. 1863. t. XXI.

Treviranus, Gottfried-Reinhold. — *Ueber das Leuchten der Lampyris splendidula*, L., in Treviranus, G.-R. et L.-C. — Vermischt. Schrift. anat. und physiol. Inhalts, ann. 1816, t. I, p. 87. |*Lamprohiza splendidula*, L.|.

Treviranus, Gottfried-Reinhold. — *Biologie, oder Philosophie der lebenden Natur, für Naturforscher und Aerzte*, Gottingue, Vandenhoeck, 6 vol., 1802-1822, t. V (1818). |Renseignem. nombreux sur les Insectes phosphorescents, avec l'indication des travaux qui ont été publiés sur ce sujet, p. 96 ; et Note sur la phosphorescence des Pyrophores, p. 475|.

Trimen, Roland. — *On the occurrence of Astraptor illuminator*, Murray *or a closely allied species, near Buenos-Ayres*, in Journ. of the Proceed. of the linn. Soc. of London, 1870, t. X, p. 503. |Lampyride?|.

Tromelin, G. de. — *Note sur la phosphorescence du mâle du Lampyre*, in Annal. de la Soc. entomol. de France, Paris, ann. 1871, bull. des séanc., p. cxxxvii. |Au sujet de la phosphorescence des mâles de plusieurs espèces de Lampyres, des deux sexes de la *Luciola lusitanica*, Charp. et du *Photinus pyralis*, L., etc., différentes communications ont été faites par Alexandre LABOULBÈNE, Jean-Alphonse BOISDUVAL, Eugène DESMAREST, Auguste CHEVROLAT, Hector AUZOUX, Ernest OLIVIER, Al. PERAGALLO et Paul GANDOLPHE (dº. p. CXLVIII); par Marie-Joseph BELON (dº, CLXXXIV); et par H. TOURNIER et Ch.-V. RILEY (dº, p. CXCIV).

TURNER. — *Couleur de la lumière émise par les Pyrophorus noctilucus*, L., *Photuris pensylvanica*, Degeer, *et Photinus pyralis*, L., in Psyche, Journ. of Entomol., published by the Cambridge entomol. Club, Cambridge (États-Unis), ann. 1882, t. III, p. 309.

V

VILLARET, FOULQUES DE. — *Description d'une nouvelle espèce du genre Lampyris* (*Lampyris Senecki*, Villaret), in Annal. de la Soc. entomol. de France, Paris, ann. 1833, p. 352, et pl. XV, fig. 1 et a (mâle), fig. 2 et b (larve). [Description de la larve du *Lampyris Senecki*, Villaret = *Lamprohiza splendidula*, L.].

VILLIERS, François DE. — *Note sur la propriété phosphorescente de petites Fourmis jaunes*, in Annal. de la Soc. entomol. de France, Paris, ann. 1842, bull. des séanc., p. XIII.

VION, René. — *Vers-luisants et Mouches phosphoriques*, in Bull. de la Soc. linn. du Nord de la France, Amiens, ann. 1872-1873, t. I, p. 72.

W

Waga, Gustave. — *Sur les Larves des Lampyrides*, in Motschulsky, V. von. — Etudes entomol., Helsingfors, ann. 1856, t. V, p. 40, av. fig.

Wahlberg, P.-F. — *Markvardig instinkt och ljusutweckling hos en svensk Myggart.* (*Ceroplatus sesioïdes*, Whlbg.), in Ofvers. af kongl. Vetensk.-Akad. Forhandling., Stockholm, ann. 1848, t. V, p. 128; et in Stettiner entomol. Zeit., ann. 1849, t. X, p. 120. [Phosphorescence des larves et des nymphes du *Ceroplatus sesioïdes*, Whlbg., Diptère de la famille des Mycétophilides].

[Analyse in Schaum, H.-R. — Bericht über Entomol., Berlin, ann, 1849, p. 101 (237)].

Wailes, George. — *Observations on Ignis fatuus*, in The entomol. Magaz., Londres., ann. 1832, t. I, p. 350. [*Lampyris*].

Walker, Francis. — *Discussion on the Luminosity of Fulgora candelaria*, L., in The entomol. Magaz., ann. 1836, t. III, p. 45 et 105]. [*Hotinus candelarius*, L.] [Cet article, qui n'est pas signé, est peut-être de E. Newman. (Note de Hagen, H.-A. — *Bibliotheca entomologica*, Leipzig, W. Engelmann, t. II (1863), p. 252)].

Waller, Richard. — *Observations on the Cicindela volans or flying Glow-Worm*, in Philosoph. Transact. of the roy. Soc. of London, ann. 1684, t. XV, n° 167, p. 841, av. 1 pl.; in Baddam, B. — Memoir. of the roy. Soc., or a new abridg. of the Philosoph. Transact., Londres, 1745,

2me édit., t. II (1675-1693), p. 310, et pl. IX, fig. 1, 2 et 3; et in Acta Eruditor. Suppl., t. I, p. 443;—in MANGET, Bibl., t. II, 2me part., p. 568. [?*Lampyris noctiluca*, L. ♂].

WATERHOUSE, Charles-Owen. — Voir EATON.

WESMAEL, Constantin. — *Note sur la Fulgore Lanterne*, in Bull. de l'Acad. des Scienc., des Lettr. et des Beaux-Arts de Belgique, Bruxelles, ann. 1838, t. IV, p. 136. [Wesmael soutient, d'après une observation faite par un naturaliste belge, LINDEN, que cet Hémiptère possède une propriété phosphorescente].

[Extrait in L'Institut, Paris, ann. 1837, t. V, n° 218, p. 259; in Annal. de la Soc. entomol. de France, Paris, ann. 1837, bull. des séanc., p. LXVII; in FRORIEP, L.-F. et R. VON. — Neue Notizen aus dem Gebiete der Natur- und Heilkunde, Weimar, ann. 1837, t. III, p. 231; et in Revue zoolog., par la Soc. cuviérienne, Paris, ann. 1838, t. I, p. 144].

WESTFELD, Chr.-Friedrich-Gothard. — Voir SIGWART.

WESTWOOD, John-Obadiah. — *On the Family Fulgoridae, with a Monograph of the genus Fulgora of Linnaeus*, in Transact. of the linn. Soc. of London, ann. 1839, t. XVIII, p. 133, et pl. XII, fig. 1-13. [Westwood nie la propriété phosphorescente de ces Hémiptères].

[Analyse in The philosoph. Magaz., Londres, ann. 1838, p. 93; in L'Institut, Paris, ann. 1838, t. VI, n° 224, p. 66; in Annal. de la Soc. entomol. de France, Paris, ann. 1838, bull. des séanc., p. XXXVIII; et in Isis, Encyklop. Zeitschr., Leipzig, ann. 1843, t. VI, p. 434].

WESTWOOD, John-Obadiah.—*An Introduction to the modern classification of Insects, founded on the natural habits and corresponding organisation of the different families*. Londres, Longman, t. I et II, 1839 et 1840. [Renseignem. sur les Insectes phosphorescents].

Westwood, John-Obadiah. — *Luminosity of Helobia brevicollis*, Fabr., in Transact. of the entomol. Soc. of London, ann. 1854, proceed., p. xxxiv; et in The Zoologist. Londres, ann. 1855, t. XIII, p. 4565. [*Nebria* (*Helobia*) *brevicollis*, Fabr., Coléoptère de la famille des Carabides.— Westwood pense que l'apparence lumineuse de cet Insecte était due à un corps phosphorescent quelconque qui adhérait à lui].

Westwood, John-Obadiah. — *Note sur la phosphorescence de la Larve du Lampyris noctiluca*, L., in Transact. of the entomol. Soc. of London, ann. 1869, proceed., p. vi.

Weyenbergh, H. — *Eine leuchtende Kafer-Larve*, in Horae Soc. entomol. rossicae, Saint-Pétersbourg, ann. 1876-1877, t. XII, p. 177, et pl. IV, B, fig. a.-e. [Larve de Téléphoride?].

[Analyse in Bertkau, P. — Bericht über Entomol., Berlin, ann. 1875-1876, p. 198 (406)].

Weyenbergh, H. — Voir Napp.

White, W.-H. — *The Glow-Worm; the results of experiments in elucidation of a knowledge of its habits*, in Magaz. of Nat. Hist., Londres, ann. 1835, t. VIII, p. 623. [*Lampyris noctiluca*, L.].

Wied-Neuwied, Maximilian von. — Voir Neuwied.

Wielowiejski, Heinrich von. — *Studien über die Lampyriden*, in Zeitschr. für wissenschaftl. Zoologie, Leipzig, ann. 1882, t. XXXVII, p. 354; pl. XXIII et XXIV, fig. 1-16. [*Lampyris noctiluca*, L. et *Lamprohiza splendidula*, L.]. [Travail très-important].

[Analyse in MAYER, P. et GIESBRECHT, W. — Zoologisch. Jahresbericht der zoologisch. Station zu Neapel, Arthropoda, Leipzig, ann. 1882, p. 136; in The zoologic. Record, Londres, ann. 1882, Insecta, p. 78; in BERTKAU, P. — Bericht über Entomol., Berlin, ann. 1882, p. 224; in Biolog. Centralblatt, Erlangen, ann. 1883, t. III, n° 3, p. 69, (par EMERY, C.); in Archiv. de Zoolog. expériment. et générale, Paris, ann. 1883, p. XXX, (par LACAZE-DUTHIERS, H. DE); et in Nature, Londres et New-York, 1883, t. XXVII, p. 231].

WILSON, Edward. — Voir DALE.

WOLLEBIUS, Johann-Jacob. — *Dissertatio de origine motus brutorum cum observationibus de Cicindela.* Bâle, 1702. [*Lampyris*].

Y

YOUNG, C.-A. — *On the spectrum of the light of Lampyris*, in Journ. of the Soc. of Arts, Londres, ann. 1870; in Transact. of the entomol. Soc. of London, ann. 1870, proceed., p. XVII; et in The americ. Naturalist, Salem, ann. 1870, t. III, p. 615.] R. DUBOIS dit (*Les Elatérides lumineux*, p. 106) que les recherches de YOUNG ont été faites sur la Mouche lumineuse commune du New-Hampshire, qui est, selon toute probabilité, une espèce américaine du genre *Photinus*].

[Analyse in BRAUER, F. — Bericht über Entomol., Berlin, ann. 1870, p. 5].

SUPPLÉMENT

OBSERVATIONS ET RECTIFICATIONS.

P. 20, l. 6. — Le *Pyralis minor*, dont fait mention Patrick Brown (*Op. cit.*, p. 131), n'est autre qu'un Coléoptère de la tribu des Lampyrides, probablement le *Photuris* (*Lampyris*) *pensylvanica*, Degeer. (Voir Degeer. — *Mém. pour servir à l'Hist. des Insectes*, t. IV (1774), p. 53).

P. 46, l. 20. — La Nymphe en question était celle d'un individu mâle.

P. 49, l. 19. — Ajouter : p. 137.

P. 65, l. 19. — Ce travail d'Alexandre Laboulbène et de Charles Robin a été publié aussi in Robin, C. — Journ. de l'Anat. et de la Physiol., Paris, ann. 1873, t. IX, p. 593.

P. 69, l. 17. — Ce travail de Ch. Loriquet est relatif au *Pyrophorus noctilucus*, L., et renferme, en outre, quelques renseignements sur la phosphorescence des Insectes. Il a été publié dans le Bulletin d'une Société dont j'ignore le nom, car je n'ai vu ce mémoire que sous forme de feuillets détachés (p. 85-93), ne renfermant aucune indication du Bulletin d'où ils proviennent.

P. 73, l. 17. — Ajouter : p. 112, et supprimer le point d'interrogation mis devant Pyrophores.

P. 79, l. 3 et 8. — Au lieu de Owsiannikoff, lire : Owsjannikow.

Dans la liste des travaux d'Hippolyte Lucas, donnée par Hagen dans sa *Bibliotheca entomologica* (Leipzig, W. Engelmann, t. I (1862), p. 498-506, et t. II (1863), p. 386-387), figure, au n° 83 de la p. 501 du t. I, un mémoire intitulé : « *Note sur le Brachinus crepitans vivant de cadavres, et sur la Larve de la Lampyris noctiluca*, Ann. Soc. ent. Fr., sér. 2., 1851, t. 9, p. 101 ». Cette indication nominative est erronée, car l'auteur de la note en question est G. Daumont et non Lucas, qui l'avait communiquée, au nom de G. Daumont, à la Soc. entomol. de France ; Hagen ayant indiqué par erreur le nom du présentateur de la note (Lucas) au lieu de celui de l'auteur (Daumont). De plus, il ne s'agit pas, dans cette communication, de la larve du *Lampyris noctiluca*, L., mais bien d'une nymphe d'un individu mâle de cette espèce, qui présentait deux points très-lumineux. Quant à l'indication bibliographique, elle n'est pas absolument exacte, et il faut lire, en employant les abréviations d'Hagen : Ann. Soc. ent. Fr., sér. 2., 1851, t. 9, Bull., p. 102.

Hagen a commis une erreur analogue en faisant figurer dans la liste des travaux de Louis Reiche (*Bibliotheca entomologica*, t. II, p. 67-69 et 390), au n° 16 de la p. 67, une communication intitulée : « *Note sur les propriétés lumineuses de Pyrophorus, Nyctophanes, et sur le bruit fait par les Passalus; Oecodoma cephalotes* (*Formica*), Ann. Soc. ent. Fr., sér. 2, 1844, t. 2, Bull., p. 63-67 ». La première partie de cette communication [*Note sur les propriétés lumineuses de Pyrophorus, Nyctophanes, et sur le bruit fait par les Passalus*] a pour auteur Emile Mocquerys, et non Louis Reiche, qui n'était que le présentateur de cette note à la Soc. entomol. de France. Quant à la seconde partie [*Oecodoma cephalotes* (*Formica*)], elle est bien en réalité de Louis Reiche.

ADDENDA.

Becquerel, Antoine-César. — *Traité de Physique considérée dans ses rapports avec la chimie et les sciences naturelles.* Paris, 2 vol., 1811. [Observat. sur la phosphorescence des Insectes].

Becquerel, Edmond-Alexandre. — *La Lumière, ses causes et ses effets.* Paris, 2 vol., 1867-1868. [Observat. sur la phosphorescence des Insectes].

Bourgeois, Jules. — *Faune gallo-rhénane. Malacodermes.* (En cours de publication dans la Revue d'Entomologie, Caen). [Renseignem. nombreux sur la bibliographie, la biologie et la phosphorescence des Lampyrides, p. 64 et suiv.].

Brischke. — *Leuchtende Dipteren*, in Kraatz, Gustav. — Entomol. Monatsblatter. Berlin, 1876, p. 41. [*Chironomus*, Diptères de la famille des Chironomides].

Dubois, Raphaël. — *De l'action de la lumière émise par les êtres vivants sur la rétine et sur les plaques au gélatino-bromure* (à propos d'une communication faite à la dernière séance par M. le professeur Pouchet), in Compt. rend. hebd. des séanc. de la Soc. de Biologie, Paris, ann. 1886, n° 11, p. 130. [Observat. sur la lumière des Pyrophores].

DUBOIS, Raphaël. — *Sur la luminosité des Œufs d'Insectes*, in Bull. de l'Associat. franç. pour l'Avancem. des Scienc., Congrès de Nancy, ann. 1886, 1re part., p. 155. [Résumé très-court de son mémoire intitulé : *De la fonction photogénique dans les Œufs du Lampyre*, cité à la p. 49 de cette Bibliographie].

DUBOIS, Raphaël. — *Recherches sur la fonction photogénique*, in Compt. rend. hebd. des séanc. de l'Acad. des Scienc., Paris, ann. 1887, t. CIV, (séance du 23 mai 1887), p. 1156. [Observat. sur les Pyrophores et les Lampyrides, sur une espèce de Luciole exotique, et sur des Podurides].

EMERY, Carlo. — *La Luce negli amori delle Lucciole*, in Bull. della Soc. entomol. italiana, Florence, 18e ann. (1886), p. 406.

HAASE, Erich. — *Ein neuer Phengodes*, in Entomol. Nachrichten, Berlin, 12e ann. (1886), 14e cah., p. 218. [Renseignem. des plus sommaires sur les premiers états et sur la luminosité des deux sexes du *Phengodes Hieronymi*, Haase].

JONSTON, Johann. — *Historiae naturalis de Insectis libri III*. (2e édit.), Amstelodami, Schipper, 1657, av. 28 pl. gravées, lib. I, cap. VIII. [Pyrophores]. [La 1re édit. est de Francofurti ad Moen., H.-M. Merian, 1653].

KOLBE, Hermann-J.—*Ueber einige exotische Lepidopteren- und Coleopteren-Larven. — 5. Eine Larve der Gattung Pyrophorus*, in Entomol. Nachrichten, Berlin, 13e ann. (1887), 3e cah., p. 36.

KOLBE, Hermann-J. — *Beobachtungen über Termiten und Leuchtkafer (Lampyridae) im Caplande, nach brieflichen Mittheilungen des Herrn D[r] med. Franz Bachmann*, in Entomol. Nachrichten, Berlin, 13e ann. (1887), 5e cah., p. 70.

LUCAS, Hippolyte. — *Description d'une Larve de Lampyride considérée comme devant appartenir au sexe femelle, dont l'Insecte parfait est encore inconnu*, in Annal de la Soc. entomol. de France, Paris, ann. 1887, Résumé bull. des séanc., p. XXXV.

MEINERT, Franz. — *Gjennemborede Kindbakker hos Lampyris- og Drilus-Larverne*, in Entomol. Tidskrift, Stockholm, ann. 1886, p. 194. [Ecrit en langue suédoise. — en français in même Bull.].

MENITZIN.—Dans l'ouvrage de A. H. SWINTON intitulé : *Insect Variety* (voir Bibliograph., p. 92), je trouve à la p. 101 le renseignement bibliographique suivant, relatif à la luminosité du thorax et de l'abdomen du *Chironomus tendens*, Fabr., Diptère de la famille des Chironomides : MENITZIN, « Deutsche ent. Zeitschr. », 1875, p. 432. [Je n'ai pas vérifié l'exactitude de ce renseignement].

MURRAY, Andrew. — *Larve du Photuris versicolor*, Fabr., in Journ. of the Proceed. of the linn. Soc. of London,

Zoology, ann. 1868, t. VIII, p. 74, et pl. I, fig. 9. [*Photuris versicolor*, Fabr. = *Phot. pensylvanica*, Degeer].

Osten-Sacken, Charles-Robert von. — *More about the luminous New-Zealand Larvae*, in The Entomol. monthl. Magaz., Londres, ann. 1887, n° 274. [Voir, à ce sujet, le mémoire d'Hudson (Bibliograph., p. 61) et celui d'Osten-Sacken (d°, p. 78)].

Packard, A.-S. jun. — *Guide to the study of Insects*, av. 15 pl. et de très-nombr. fig., 8° édit., New-York, Henry Holt et C°; Boston, Estes et Lauriat; 1883, p. 162, 165-167, et 533. [Observat. sur des Insectes phosphorescents (*Pyrophorus*, *Melanactes*, Lampyrides, Fulgorides)].

Packard, A.-S. jun. — *Luminous Organs of mexican Cucuyo*. [Je n'ai pu trouver d'indications bibliographiques relatives à ce mémoire qui, *peut-être*, a paru in The americ. Naturalist].

Secchi, Angelo. — *Nouvelles Observations sur les lumières phosphorescentes animales*. (Extrait d'une lettre en date du 24 juillet 1872, adressée à l'Académie des Sciences), in Ann. des Scienc. natur., Zoolog., ann. 1872, 5e sér., t. XVI, art. 9. [Cette communication, qui a paru d'abord in Compt. rend. hebd. des séanc. de l'Acad. des Scienc., Paris, ann. 1872, t. LXXV, p. 321, est suivie de Remarques par Armand de Quatrefages de Bréau, p. 322]. [Observat. sur la phosphorescence d'Insectes].

Dans le *Bericht über die wissenschaftlichen Leistungen im Gebiete der Entomologie* pendant l'année 1880, de P. Bertkau, je trouve à la p. 228 le renseignement suivant, malheureusement incomplet, dont je n'ai pas vérifié l'exactitude : Une larve de Coléoptère fortement lumineuse, rapportée avec doute au genre *Melanactes*, est figurée in The americ. Naturalist, 1880, p. 202.

TABLE ALPHABÉTIQUE DES NOMS D'AUTEURS.

Afzelius, A.
Aldrovande, U.
Allen, B.
Allman, G.-J.
Anghiera, P. Martire d'.
Anonyme.
Aristote.
Arnold, C.
Aubert.
Audouin. J.-V.
Austin.
Auzoux, H.
Azara, F. de.

Bach, M.
Bacon, F.
Bacouni, A. de.
Baron.
Barrère.
Bartholin, T.
Bates.
Bates, H.-W.
Beach, A.-E. [Editeur].
Beauvois, A.-M.-F.-J. Palisot de.
Becker, J. von.
Becker, J.-J.-M.
Beckerheim.
Becquerel, A.-C. [Addenda].
Becquerel, E.-A. [Addenda].
Bellesme, Jousset de.
Belon, M.-J.
Bernoulli, C.
Berthold, A.-A.
Beske.
Béthune, C.-J.-S.
Blanchard, E.
Blanchet, R.
Blesson, L.
Boisduval, J.-A.
Boll, E.-F.-A.
Bondaroy, A.-D. Fougeroux de.
Bonpland, A.
Bottoni, D.
Bourgeois, J. [Addenda].
Bowles, G.-H.
Bowring, J.-C.
Branner, J.-C.
Brischke. [Addenda].
Brown, P. [Bibliogr. et Observ. et Rectific.].
Brugnatelli, L.-G.
Bruguière, J.-G.
Brullé, A.
Burmeister, H.-C.-C.

Burnett, W.-I.

Camerarius, J.-R.
Cameron, J.
Candèze, E.
Carpenter, W.-B.
Carradori, G.
Carrara, M.
Carus, C.-G.
Castelnau, de. (F.-L. de Laporte).
Chabrillac, F.
Champion, G.-C.
Charpentier, Toussaint de.
Chevrolat, A.
Clark.
Columna, F.-L.
Conroy.
Couper.
Curtis, J.

Dale, J.-C.
Darwin, C.
Daumont, G.
Davy, H.
Degeer, C.
Desmarest, E.
Dieckhoff, L.-A.
Dollfus, A.
Dortous de Mairan, J.-J.
Doubleday, E.
Dubois, R. [Bibliogr et Addenda].
Dufour, L.
Dutertre.

Eaton, A.-E.
Edwards, H.
Edwards, H. Milne-.
Ehrenberg, C.-G.
Emery, C. [Bibliogr. et Addenda].
Emmert.
Enell, H.
Erichson, W.-F.
Evans, W.-T.

Faille, J.-M. Baart de la.
Fairmaire, L.
Fennell, J.
Ferchault de Réaumur, R.-A.
Fermin, P.
Forster, J.-G.-A.
Fougeroux de Bondaroy, A.-D.
Foulques de Villaret.
Fry, A.

Gadeau de Kerville, H.
Gandolphe, P.
George, H. jun.
Gernez.

Gimmerthal, B.-A.
Girard, M.
Glover, Townsend.
Gorham, H.-S.
Gosse, P.-H.
Gounelle, E.
Goureau.
Greenwood Penny, R.
Grew, N.
Gronov, L.-T.
Grotthuss.
Guéneau de Montbeillard, P.
Guenther, J.
Guilding, L.

Haase, E. [Bibliogr. et Addenda].
Hagen, H.-A.
Hamlet.
Hancock, J.
Harting, P.
Heinemann, C.
Heinrich.
Helbig.
Henderson, G.
Henning, J.-F.
Henslow, G.
Hermanas, de Dos.
Hermbstaedt, S.-F.
Heward, R.
Hoeven, J. van der.
Hoffmansegg, J.-C. von.
Hudson, G.-V.
Hulme, N.
Humboldt, F.-H.-A. von.

Illiger, J.-C.-W.
Imhoff, L.

Jenner, J.-H.-A.
Jennings, J.
Jonston, J. [Addenda].
Joseph, G.
Jousset de Bellesme.

Kaffer.
Kaiser, W.
Kawall, H.
Kerville, H. Gadeau de.
King, H.-S.
King, V.-O.
Kirby, W.
Kircher, A.
Koelliker, A.
Kolbe, H.-J. [Addenda].

Laboulbène, A. [Bibliogr. et Observ. et Rectific.].
Lacaze-Duthiers, F.-J.-H. de.
Lacordaire, J.-T.
Lamarck, J.-B.-P.-A. de Monet de.

Laporte, F.-L. de. (de Castelnau).
Lartigue, H.
Latreille, P.-A.
Le Conte, J.-L.
Lewis, G.
Leydig, F.
Lindemann, C.
Linden.
Linné, C. von.
Loche, F. Mouxy de.
Loriquet, C. [Bibliogr. et Observ. et Rectific.].
Lucas, H. [Addenda].
Luce.

Macaire, I.-F.
Macartney, J.
Mac Lachlan, R.
Mac Laurin, W.
Maille, A.
Main.
Main, J.
Mairan, J.-J. Dortous de.
Martin.
Martire d'Anghiera, P.
Martius, C.-F.-P. von.
Matteucci, C.
Maurer, F.
Meinert, F. [Addenda].
Melchior, J.-A.
Meldola.
Menitzin. [Addenda].
Merian, M.-S.
Milne-Edwards, H.
Mocquerys, E.
Monet de Lamarck, J.-B.-P.-A. de.
Montbeillard, P. Guéneau de.
Montrouzier.
Morren, C.-F.-A.
Morris.
Moufet, T.
Moufflet, A.
Mouxy de Loche, F.
Mueller, P.-W.-J.
Mulsant, E.
Muralto, J. von.
Murray, A. [Bibliogr. et Addenda].
Murray, J.

Napp, R.
Naudin, C.-V.
Newall, R.-S.
Newman.
Newman, E.
Neuwied, M. von Wied-.
Newport, G.
Nieremberg, J.-E.
Nollet, J.-A.
Norwood.

Olivier, A.-G.
Olivier, E.
Osten-Sacken, C.-R. von. [Bibliogr. et Addenda].
Oviedo y Valdes, G.-F. de.
Owsjannikow, P.

Packard, A.-S. jun. [Addenda].
Palisot de Beauvois, A.-M.-F.-J.
Pallas, P.-S.
Parfitt, E.
Parzudaki.
Pasteur, L.
Penny, R. Greenwood.
Peragallo, A.
Percheron, A.-R.
Perkins, G.-A.
Perty, M.
Peters, W.-C.-H.
Pflüger, E.-F.-W.
Phipson, T.-L.
Pickman Mann, B.
Plinius Secundus, C.
Poujade, G.-A.
Pryer, W.-B.

Quatrefages de Bréau, A. de. [Addenda].

Radziszewski.
Ramsden.
Ray, J.
Razoumowsky, G. von.
Réaumur, R.-A. Ferchault de.
Recluz.
Regnard, P.
Reiche, L.
Reinhardt, J.-T.
Revelière, E.
Rey, C.
Riley, C.-V.
Rivinus, Q.-S.-F.
Robert, E.
Robin, C. [Bibliogr. et Observ. et Rectific.].
Robineau-Desvoidy, A.-J.-B.
Rochefort, C. de.
Rogerson, W.
Rouzet, J.-H.

Sang, J.
Saunders.
Scaliger, J.-C.
Schioedte, J.-C.
Schmid, C.-A.
Schneider, W.-G.
Schnetzler, J.-B.
Schultze, M.-S.
Secchi, A. [Addenda].

Sells, W.
Severn, H.-A.
Sharp.
Shaw, J.
Shufeldt, R.-W.
Sigwart, G.-F.
Sloane, H.
Smith, J.
Soemmerring, S.-T. von.
Sorg, F.-L.-A.-W.
Spallanzani, L.
Spence, W.
Spiller.
Spinola, M.
Spix, J.-B. von.
Stedman, J.-G.
Steinheil, E.
Stillman, W.-J.
Stollwerck, F.
Strickland, H.-E.
Stubbes.
Swammerdamm, J.
Swinton, A.-H.

Targioni Tozzetti, A.
Tempier, J.
Theobald.
Theodosius, J.-B.
Thylesius, A.
Tiedemann, F.
Tilesius.
Todd, J.-T.
Tournier, H.
Toussaint de Charpentier.
Townsend Glover.
Treflry.
Treviranus, G.-R.
Trimen, R.
Tromelin, G. de.
Turner.

Villaret, Foulques de.
Villiers, F. de.
Vion, R.

Waga, G.
Wahlberg, P.-F.
Wailes, G.
Walker, F.
Waller, R.
Waterhouse, C.-O.
Wesmael, C.
Westfeld, C.-F.-G.
Westwood, J.-O.
Weyenbergh, H.
White, W.-H.
Wied-Neuwied, M. von.
Wielowiejski, H. von.
Wilson, E.
Wollebius, J.-J.

Young, C.-A.

TABLE ALPHABÉTIQUE DES NOMS D'AUTEURS

PAR GROUPE D'INSECTES PHOSPHORESCENTS.

GÉNÉRALITÉS ET OBSERVATIONS DIVERSES.

Anghiera, P. Martire d'.
Azara, F. de.
Bach, M.
Bacon, F.
Barrère.
Bartholin, T.
Bates.
Beach, A.-E. [Editeur].
Beauvois, A.-M.-F.-J. Palisot de.
Beckerheim.
Becquerel, A.-C. [Addenda].
Becquerel, E.-A. [Addenda].
Berthold, A.-A.
Brown, P.
Brugnatelli, L.-G.
Brullé, A.
Burmeister, H.-C.-C.
Cameron, J.
Carpenter, W.-B.
Castelnau, de. (F.-L. de Laporte).
Clark.
Darwin, C.
Dortous de Mairan, J.-J.
Dutertre.
Edwards, H. Milne-.
Ehrenberg, C.-G.
Faille, J.-M.-Baart de la.
Gadeau de Kerville, H.
Gronov, L.-T.
Guilding, L.
Hamlet.
Harting, P.
Imhoff, L.
King, V.-O.
Kirby, W.
Lacaze-Duthiers, F.-J.-H. de.
Lacordaire, J.-T.
Laporte, F.-L. de. (de Castelnau).
Latreille, P.-A.
Linné, C. von.
Loriquet, C. [Bibliogr. et Observ. et Rectific.].
Macartney, J.
Mac Lachlan, R.
Mairan, J.-J. Dortous de.

Martire d'Anghiera, P.
Martius, C.-F.-P. von.
Melchior, J.-A.
Milne-Edwards, H.
Montrouzier.
Napp, R.
Nieremberg, J.-E.
Norwood.
Oviedo y Valdes, G.-F. de.
Palisot de Beauvois, A.-M.-F.-J.
Percheron, A.-R.
Perty, M.
Pflüger, E.-F.-W.
Phipson, T.-L.
Pryer, W.-B.
Quatrefages de Bréau, A. de. [Addenda].
Radziszewski.
Ray, J.
Reinhardt, J.-T.
Rivinus, Q.-S.-F.
Rochefort, C. de.
Saunders.
Secchi, A. [Addenda].
Spence, W.
Spix, J.-B. von.
Stubbes.
Swinton, A.-H.
Tiedemann, F.
Tilesius.
Treviranus, G.-R.
Vion, R.
Westwood, J.-O.
Weyenbergh, H.

COLÉOPTÈRES.

Elatérides.

Aldrovande, U.
Anonyme.
Aubert.
Baron.
Béthune, C.-J.-S.
Blanchard, E.
Boll. E.-F.-A.
Bondaroy, A.-D. Fougeroux de.
Bonpland, A.
Bowles, G.-H.
Burnett, W.-I.
Candèze, E.
Carpenter, W.-B.
Couper.
Curtis, J.
Degeer, C.

Dubois, R. [Bibliogr. et Addenda].
Ehrenberg, C.-G.
Erichson, W.-F.
Fougeroux de Bondaroy, A.-D.
Gernez.
Girard, M.
Glover, Townsend.
Gosse, P.-H.
Heinemann, C.
Hermanas, de Dos.
Heward, R.
Hoeven, J. van der.
Humboldt, F.-H.-A. von.
Illiger, J.-C.-W.
Jonston, J. [Addenda].
Koelliker, A.
Kolbe, H.-J. [Addenda].
Laboulbène, A. [Bibliogr. et Observ. et Rectific.].
Lacordaire, J.-T.
Loriquet, C. [Bibliogr. et Observ. et Rectific.].
Macartney, J.
Mocquerys, E.
Morris.
Moufet, T.
Osten-Sacken, C.-R. von.
Packard, A.-S. jun. [Addenda].
Pasteur, L.
Perkins, G.-A.
Phipson, T.-L.
Pickman Mann, B.
Ramsden.
Robin, C. [Bibliogr. et Observ. et Rectific.].
Schioedte, J.-C.
Sells, W.
Shufeldt, R.-W.
Sloane, H.
Smith, J.
Steinheil, E.
Stollwerck, F.
Stubbes.
Theobald.
Townsend Glover.
Treviranus, G.-R.
Turner.

Malacodermes.

Aldrovande, U.
Allen, B.
Anonyme.
Aristote.
Arnold, C.
Audouin, J.-V.

Austin.
Auzoux, H.
Bach, M.
Bacouni, A. de.
Becker, J. von.
Bellesme, Jousset de.
Belon, M.-J.
Bernoulli, C.
Bertholdi, A.-A.
Béthune, C.-J.-S.
Blanchet, R.
Blesson, L.
Boisduval, J.-A.
Bottoni, D.
Bourgeois, J. [Addenda].
Brown, P. [Bibliogr. et Observ. et Rectific.].
Brugnatelli, L.-G.
Bruguière, J.-G.
Camerarius, J.-R.
Candèze, E.
Carpenter, W.-B.
Carradori, G.
Carrara, M.
Carus, C.-G.
Charpentier, Toussaint de.
Chevrolat, A.
Columna, F.-L.
Conroy.
Couper.
Dale, J.-C.
Daumont, G.
Davy, H.
Degeer, C.
Desmarest, E.
Dieckhoff, L.-A.
Dollfus, A.
Dubois, R. [Bibliogr. et Addenda].
Dufour, L.
Eaton, A.-E.
Ehrenberg, C.-G.
Emery, C. [Bibliogr. et Addenda].
Emmert.
Enell, H.
Erichson, W.-F.
Fairmaire, L.
Fennell, J.
Forster, J.-G.-A.
Foulques de Villaret.
Fry, A.
Gandolphe, P.
Girard, M.
Glover, Townsend.
Gorham, H.-S.
Gosse, P.-H.
Goureau.
Greenwood Penny, R.
Grotthuss.
Guéneau de Montbeillard, P.
Guenther, J.

Haase, E. [Bibliogr. et Addenda].
Heinrich.
Helbig.
Henderson, G.
Henning, J.-F.
Henslow, G.
Hermbstaedt, S.-F.
Heward, R.
Hulme, N.
Illiger, J.-C.-W.
Jenner, J.-H.-A.
Jennings, J.
Joseph, G.
Jousset de Bellesme.
Kaiser, W.
Kawall, H.
King, H.-S.
Kircher, A.
Koelliker, A.
Kolbe, H.-J. [Addenda].
Laboulbène, A.
Lacordaire, J.-T.
Lartigue, H.
Latreille. P.-A.
Le Conte, J.-L.
Leydig, F.
Lindemann, C.
Loche, F. Mouxy de.
Lucas, H. [Addenda].
Luce.
Macaire, I.-F.
Macartney, J.
Mac Lachlan, R.
Mac Laurin, W.
Maille, A.
Main, J.
Martin.
Matteucci, C.
Maurer, F.
Meinert, F. [Addenda].
Meldola.
Mocquerys, E.
Montbeillard, P. Guéneau de.
Morren, C.-F.-A.
Morris.
Mouxy de Loche, F.
Mueller, P.-W.-J.
Mulsant, E.
Muralto, J. von.
Murray, A. [Bibliogr. et Addenda].
Murray, J.
Naudin, C.-V.
Newall, R.-S.
Newport, G.
Nollet, J.-A.
Olivier, E.
Osten-Sacken, C.-R. von.
Owsjannikow, P.
Packard, A.-S. jun. [Addenda].

Parfitt, E.
Penny, R. Greenwood.
Peragallo, A.
Peters, W.-C.-H.
Phipson, T.-L.
Plinius Secundus, C.
Poujade, G.-A.
Ray, J.
Razoumowsky, G. von.
Recluz.
Regnard, P.
Reiche, L.
Revelière, E.
Rey, C.
Riley, C.-V.
Robert, E.
Rogerson, W.
Sang, J.
Scaliger, J.-C.
Schmid, C.-A.
Schneider, W.-G.
Schnetzler, J.-B.
Schultze, M.-S.
Severn, H.-A.
Sharp.
Shaw, J.
Sigwart, G.-F.
Soemmerring, S.-T. von.
Sorg, F.-L.-A.-W.
Spallanzani, L.
Spiller.
Stillman, W.-J.
Strickland, H.-E.
Swammerdamm, J.
Swinton, A.-H.
Targioni Tozzetti, A.
Templer, J.
Theodosius, J.-B.
Thylesius, A.
Todd, J.-T.
Tournier, H.
Toussaint de Charpentier.
Townsend Glover.
Treviranus, G.-R.
Trimen, R.
Tromelin, G. de.
Turner.
Villaret, Foulques de.
Waga, G.
Wailes, G.
Waller, R.
Westfeld, C.-F.-G.
Westwood, J.-O.
Weyenbergh, H.
White, W.-H.
Wielowiejski, H. von.
Wilson, E.
Wollebius, J.-J.
Young, C.-A.

Carabides.

Parzudaki.
Reiche, L.
Rouzet, J.-H.
Westwood, J.-O.

Staphylinides.

George, H. jun.
Peragallo, A.

Pausides.

Afzelius, A.

Buprestides.

Latreille, P.-A.

Ténébrionides.

Lamarck, J.-B.-P.-A. de Monet de.

Cérambycides.

Chevrolat, A.

HÉMIPTÈRES.

Fulgorides.

(Observations affirmatives et négatives).

Bates, H.-W.
Becker, J.-J.-M.
Beske.
Bowring, J.-C.
Branner, J.-C.
Carpenter, W.-B.
Chabrillac, F.
Champion, G.-C.
Degeer, C.
Doubleday, E.

Edwards, H.
Evans, W.-T.
Ferchault de Réaumur, R.-A.
Fermin, P.
Girard, M.
Gounelle, E.
Grew, N.
Hagen, H.-A.
Hancock, J.
Hoffmansegg, J.-C. von.
Kaffer.
Lacordaire, J.-T.
Linden.
Linné, C. von.
Merian, M.-S.
Moufflet, A.
Neuwied, M. von Wied-.
Newman.
Newman, E.
Olivier, A.-G.
Packard, A.-S. jun. [Addenda].
Pryer, W.-B.
Réaumur, R.-A. Ferchault de.
Smith, J.
Spence, W.
Spinola, M.
Stedman, J.-G.
Treffry.
Walker, F.
Wesmael, C.
Westwood, J.-O.
Wied-Neuwied, M. von.

ORTHOPTÈRES.

Podurides.

Allman, G.-J.
Dubois, R. [Addenda].

Ephémérides.

Eaton, A.-E.
Hagen, H.-A.
Lewis, G.
Waterhouse, C.-O.

DIPTÈRES.

Mycétophilides.

Hudson, G.-V.
Osten-Sacken, C.-R. von. [Bibliogr. et Addenda].
Wahlberg, P.-F.

Chironomides.

Brischke. [Addenda].
Menitzin. [Addenda].
Osten-Sacken, C.-R. von.

Culicides.

Pallas, P.-S.

Tipulides.

Main.

Muscides.

Robineau-Desvoidy, A.-J.-B.

LÉPIDOPTÈRES.

Agrotides.

Gimmerthal, B.-A.

Hadénides.

Boisduval, J.-A.

HYMÉNOPTÈRES.

Formicides.

Villiers, F. de.

TABLE ALPHABÉTIQUE DES NOMS D'AUTEURS

PAR DATE DE PUBLICATION DE LEURS TRAVAUX

SUR LES INSECTES PHOSPHORESCENTS.

ANTIQUITÉ.

Aristote.

Plinius Secundus, C.

1501-1550.

Anghiera, P. Martire d'.

Oviedo y Valdes, G.-F. de.

Thylesius, A.

1551-1600.

Scaliger, J.-C.

Theodosius, J.-B.

1601-1650.

Aldrovande, U.
Bacon, F.
Bartholin, T.
Camerarius, J.-R.
Columna, F.-L.
Kircher, A.
Moufet, T.
Nieremberg, J.-E.

1651-1700.

Bottoni, D.
Dutertre.
Grew, N.
Jonston, J. [Addenda].
Muralto, J. von.
Norwood.
Rivinus, Q.-S.-F.
Rochefort, C. de.
Stubbes.
Templer, J.
Waller, R.

1701-1725.

Allen, B.
Dortous de Mairan, J.-J.
Guenther, J.
Henning, J.-F.
Merian, M.-S.
Ray, J.
Sloane, H.
Wollebius, J.-J.

1726-1750.

Degeer, C.
Linné, C. von.
Melchior, J.-A.
Nollet, J.-A.
Réaumur, R.-A. Ferchault de.
Swammerdamm, J.

1751-1775.

Bondaroy, A.-D. Fougeroux de.
Brown, P.
Degeer, C.
Fermin, P.
Gronov, L.-T.
Linné, C. von.
Sigwart, G.-F.
Westfeld, C.-F.-G.

1776-1800.

Afzelius, A.
Bacouni, A. de.
Beckerheim.
Brugnatelli, L.-G.
Bruguière, J.-G.
Carradori, G.
Forster, J.-G.-A.
Guéneau de Montbeillard, P.
Hulme, N.
Luce.
Olivier, A.-G.
Pallas, P.-S.
Razoumowsky, G. von.
Soemmerring, S.-T. von.
Spallanzani, L.

1801-1810.

Azara, F. de.
Beauvois, A.-M.-F.-J. Palisot de.
Bernoulli, C.
Carradori, G.
Davy, H.
Helbig.
Hermbstaedt, S.-F.
Hoffmansegg, J.-C. von.
Hulme, N.
Illiger, J.-C.-W.
Lamarck, J.-B.-P.-A. de Monet de.
Loche, F. Mouxy de.
Macartney, J.
Mueller, P.-W.-J.
Palisot de Beauvois, A.-M.-F.-J.
Schmid, C.-A.
Sorg, F.-L.-A.-W.
Stedman, J.-G.

1811-1820.

Bonpland, A.
Brugnatelli, L.-G.
Carradori, G.
Heinrich.
Humboldt, F.-H.-A. von.
Kirby, W.
Latreille, P.-A.
Neuwied, M. von Wied-.
Spence, W.
Tilesius.
Treviranus, G.-R.

1821-1830.

Anonyme.
Berthold, A.-A.
Carus, C.-G.
Charpentier, Toussaint de.
Curtis, J.
Dufour, L.
Faille, J.-M.-Baart de la.
Gimmerthal, B.-A.
Grotthuss.
Lacordaire, J.-T.
Latreille, P.-A.
Macaire, I.-F.
Maille, A.
Martius, C.-F.-P. von.

Murray, J.
Perty, M.
Recluz.
Rogerson, W.
Spix, J.-B. von.
Todd, J.-T.
Toussaint de Charpentier.

1831-1840.

Anonyme.
Audouin, J.-V.
Barrère.
Blesson, L.
Boisduval, J.-A.
Brullé, A.
Burmeister, H.-C.-C.
Carrara, M.
Castelnau, de. (F.-L. de Laporte).
Chevrolat, A.
Dale, J.-C.
Doubleday, E.
Ehrenberg, C.-G.
Fennell, J.
Foulques de Villaret.
Guilding, L.
Hancock, J.
Jennings, J.
Lacordaire, J.-T.
Laporte, F.-L. de. (de Castelnau).
Linden.
Main.
Main, J.
Newman, E.
Percheron, A.-R.
Sells, W.
Spinola, M.
Strickland, H.-E.
Tiedemann, F.
Villaret, Foulques de.
Wailes, G.
Walker, F.
Wesmael, C.
Westwood, J.-O.
White, W.-H.
Wilson, E.

1841-1850.

Allman, G.-J.
Becker, J.-J.-M.
Becquerel, A.-C. [Addenda].
Beske.
Bowring, J.-C.
Burnett, W.-I.

Carpenter, W.-B.
Dieckhoff, L.-A.
Edwards, H.
Erichson, W.-F.
Gosse, P.-H.
Goureau.
Henderson, G.
Heward, R.
Kaffer.
Matteucci, C.
Mocquerys, E.
Morren, C.-F.-A.
Parzudaki.
Peters, W.-C.-H.
Reiche, L.
Robert, E.
Robineau-Desvoidy, A.-J.-B.
Rouzet, J.-H.
Spence, W.
Spinola, M.
Villiers, F. de.
Wahlberg, P.-F.

1851-1855.

Daumont, G.
George, H. jun.
Hagen, H.-A.
Harting, P.
Hoeven, J. van der.
Humboldt, F.-H.-A. von.
Joseph, G.
Lacaze-Duthiers, F.-J.-H. de.
Reinhardt, J.-T.
Schnetzler, J.-B.
Westwood, J.-O.

1856-1860.

Bach, M.
Blanchet, R.
Boll, E.-F.-A.
Chabrillac, F.
Imhoff, L.
Koelliker, A.
Leydig, F.
Montrouzier.
Mulsant, E.
Newport, G.
Phipson, T.-L.
Revelière, E.
Schneider, W.-G.
Waga, G.

1861-1865.

Bates.
Bates, H.-W.
Béthune, C.-J.-S.
Blanchard, E.
Candèze, E.
Carus, C.-G.
Clark.
Couper.
Edwards, H. Milne-.
Evans, W.-T.
Fry, A.
Gernez.
Hagen, H.-A.
Hamlet.
Laboulbène, A.
Lindemann, C.
Mac Lachlan, R.
Milne-Edwards, H.
Morris.
Moufflet, A.
Mulsant, E.
Newman.
Osten-Sacken, C.-R. von.
Owsjannikow, P.
Pasteur, L.
Peragallo, A.
Phipson, T.-L.
Reiche, L.
Saunders.
Schultze, M.-S.
Smith, J.
Targioni Tozzetti, A.
Treffry.

1866-1870.

Becker, J. von.
Becquerel, E.-A. [Addenda].
Candèze, E.
Fairmaire, L.
Girard, M.
Kawall, H.
Murray, A. [Bibliogr. et Addenda].
Naudin, C.-V.
Owsjannikow, P.
Perkins, G.-A.
Schioedte, J.-C.
Smith, J.
Targioni Tozzetti, A.
Theobald.
Trimen, R.
Westwood, J.-O.
Young, C.-A.

1871-1875.

Auzoux, H.
Baron.
Beach, A.-E. [Editeur].
Bellesme, Jousset de.
Belon, M.-J.
Boisduval, J.-A.
Burmeister, H.-C.-C.
Chevrolat, A.
Desmarest, E.
Eaton, A.-E.
Emmert.
Gandolphe, P.
Girard, M.
Glover, Townsend.
Hagen, H.-A.
Heinemann, C.
Hermanas, de Dos.
Jousset de Bellesme.
Laboulbène, A.
Lartigue, H.
Menitzin. [Addenda].
Olivier, E.
Peragallo, A.
Pflüger, E.-F.-W.
Pickman Mann, B.
Quatrefages de Bréau, A. de. [Addenda].
Riley, C.-V.
Robin, C.
Secchi, A. [Addenda].
Smith, J.
Targioni Tozzetti, A.
Tournier, H.
Townsend Glover.
Tromelin, G. de.
Vion, R.

1876-1880.

Austin.
Bellesme, Jousset de.
Brischke. [Addenda].
Eaton, A.-E.
Gorham, H.-S.
Gosse, P.-H.
Greenwood Penny, R.
Henslow, G.
Jousset de Bellesme.
King, H.-S.
King, V.-O.
Le Conte, J.-L.
Mac Lachlan, R.
Mac Laurin, W.
Martin.
Napp, R.
Newall, R.-S.
Osten-Sacken, C.-R. von.

Parfitt, E.
Penny, R. Greenwood.
Pryer, W.-B.
Radziszewski.
Ramsden.
Sharp.
Shaw, J.
Swinton, A.-H.
Weyenbergh, H.

1881-1885.

Arnold, C.
Aubert.
Bourgeois, J. [Addenda].
Bowles, G.-H.
Branner, J.-C.
Champion, G.-C.
Conroy.
Dollfus, A.
Dubois, R.
Eaton, A.-E.
Emery, C.
Enell, H.
Gadeau de Kerville, H.
Girard, M.
Haase, E.
Jenner, J.-H.-A.
Kaiser, W.
Laboulbène, A.
Lewis, G.
Meldola.
Olivier, E.
Packard, A.-S. jun. [Addenda].
Poujade, G.-A.
Regnard, P.
Rey, C.
Sang, J.
Severn, H.-A.
Shufeldt, R.-W.
Spiller.
Stillman, W.-J.
Stollwerck, F.
Turner.
Waterhouse, C.-O.
Wielowiejski, H. von.

1886-1887.

Dubois, R. [Bibliogr. et Addenda].
Emery, C. [Addenda].
Gounelle, E.
Haase, E. [Addenda].
udson, G.-V.
Kolbe, H.-J. [Addenda].
Lucas, H. [Addenda].
Meinert, F. [Addenda].
Olivier, E.
Osten-Sacken, C.-R. von. [Bibliogr. et Addenda].

OBSERVATIONS DIVERSES

RELATIVES A LA TABLE ALPHABÉTIQUE DES NOMS D'AUTEURS PAR DATE DE PUBLICATION DE LEURS TRAVAUX SUR LES INSECTES PHOSPHORESCENTS.

Cameron, J. [La date de publication de son ouvrage, cité à la p. 43, m'est inconnue].

Darwin, C. [J'ignore à quelle époque a été publié, pour la première fois, l'ouvrage de cet auteur renfermant des observations sur des Insectes phosphorescents].

Loriquet, C. [La date de publication de son mémoire, cité aux p. 69 et 101, m'est inconnue].

Maurer, F. [La date de publication de son mémoire, cité à la p. 72, m'est inconnue].

Packard, A.-S. jun. [La date de publication de son mémoire intitulé : *Luminous Organs of mexican Cucuyo*, cité à la p. 106, m'est inconnue].

Steinheil, E. [La date de publication de son mémoire, cité à la p. 91, m'est inconnue].

Swinton, A.-H. [L'édition que je possède de son ouvrage intitulé : *Insect Variety*, cité à la p. 92, ne porte pas de date de publication].

Thylesius, A. [La date de publication de son mémoire intitulé : *De Cicindela*, cité à la p. 93, m'est inconnue].

SECOND ADDENDA.

Au moment de l'impression de la fin de ce travail, je recueille le renseignement bibliographique suivant :

IHERING. — *Ueber eine merkwürdige leuchtende Kafer-larve*, in Berliner entomol. Zeitschr., ann. 1887, t. XXXI, 1er cah.

TABLE DES MATIÈRES.

Avant-propos. 7

Notes complémentaires 11

Bibliographie générale des Insectes phosphorescents (Anatomie, Physiologie et Biologie) :

Introduction 27

Bibliographie générale 35

Supplément :

Observations et Rectifications. 101

Addenda 103

Table alphabétique des noms d'auteurs. 109

Table alphabétique des noms d'auteurs par groupe d'Insectes phosphorescents. 115

Table alphabétique des noms d'auteurs par date de publication de leurs travaux sur les Insectes phosphorescents. 124

Observations diverses relatives à la table alphabétique des noms d'auteurs par date de publication de leurs travaux sur les Insectes phosphorescents. 132

Second Addenda. 133

ROUEN. — IMPRIMERIE [illegible]LIEN LECERF.

www.ingramcontent.com/pod-product-compliance
Ingram Content Group UK Ltd.
Pitfield, Milton Keynes, MK11 3LW, UK
UKHW021050260726
13994UKWH00002B/504